西安科技大学高质量学术专著出版资助计划（XGZ2024049）

长期开采条件下韩城矿区
奥灰水动力场及化学场演化研究

RESEARCH ON THE EVOLUTION OF HYDRODYNAMIC AND HYDROGEOCHEMICAL FIELDS OF
ORDOVICIAN LIMESTONE WATER IN HANCHENG MINING AREA UNDER LONG-TERM EXPLOITATION

许　珂　代革联　赵军利　罗寿涛
孙学阳　常宝天　吴佩凝　　　　　著

内容简介

本书以韩城矿区为例,系统阐述了地质条件复杂矿区石炭系—二叠系煤层底板奥陶系碳酸盐岩岩溶水(奥灰水)在高强度抽采和矿井涌(突)水条件下动力场和化学场的演化规律。本书采用灰色理论识别了研究区奥灰水水位动态变化的影响因素,划分了奥灰水水位动态类型;采用数值模拟法计算了不同开采强度条件下奥灰水的水均衡,量化了超采和矿井涌(突)水等人工排泄对天然排泄的袭夺以及地表水与奥灰水、局部奥灰水与区域奥灰水之间的水量交换;采用统计分析、离子比例系数、氯碱指数、主成分分析和水文地球化学模拟等方法研究了超采条件下超采区奥灰水主要水化学组分浓度的演化规律和其成分的形成作用。研究成果有助于深入理解水资源短缺地区超采奥灰水对其水动力场和水化学场造成的深远影响,并为矿区奥灰水资源保护提供借鉴。

图书在版编目(CIP)数据

长期开采条件下韩城矿区奥灰水动力场及化学场演化研究/许珂等著.—武汉:中国地质大学出版社,2025.2.—ISBN 978-7-5625-6074-6

Ⅰ.P641.624.14

中国国家版本馆 CIP 数据核字第 2025HC6151 号

长期开采条件下韩城矿区奥灰水动力场及化学场演化研究

许 珂　代革联　赵军利　罗寿涛　著
孙学阳　常宝天　吴佩凝

责任编辑:李焕杰	选题策划:李焕杰	责任校对:徐蕾蕾

出版发行:中国地质大学出版社(武汉市洪山区鲁磨路388号)　邮编:430074
电　话:(027)67883511　　传　真:(027)67883580　　E-mail:cbb@cug.edu.cn
经　销:全国新华书店　　　　　　　　　　　　　　　　　http://cugp.cug.edu.cn

开本:787mm×1092mm　1/16　　字数:212千字　印张:8.25　插页:1
版次:2025年2月第1版　　　　印次:2025年2月第1次印刷
印刷:武汉中远印务有限公司

ISBN 978-7-5625-6074-6　　　　　　　　　　　　　　　　定价:75.00元

如有印装质量问题请与印刷厂联系调换

前　言

人类经济活动,特别是煤炭工业及其上下游产业发展使人类对地下水的开发强度持续增大。韩城矿区煤炭开采历史悠久,冶金、电力、化工等企业众多,需水量大,但韩城属极度缺水地区,奥陶系碳酸盐岩岩溶水(简称"奥灰水")作为该矿区最具供水潜力的地下水,在长期超采及煤矿疏排条件下,水质逐步恶化。随着黄河流域生态保护和高质量发展重大国家战略的实施,科学评价长期超采及煤矿疏排对奥灰水动力场和化学场造成的影响,掌握其演化机理,是进行生态保护和实现高质量发展的重要前提。

本书是作者所在团队对在韩城矿区长期从事科学研究工作的成果总结。韩城矿区水文地质条件复杂,主要表现在:①含水层受多期构造运动影响,断裂和褶皱发育,优势构造对地下水的径流有明显控制作用,使得水流的非均质性增强;②受局部地貌和区域地貌控制,局部水流系统、中间水流系统和区域水流系统在研究区叠置分布,使奥灰水水流系统更为复杂;③南区和北区(以文家岭隆起为界)由于水文地质边界条件不同,奥灰水埋深不同,断裂性质不同,其奥灰水的补径排条件和水质存在一定差异,可划分为南区和北区两个次级水文地质单元;④南区和北区奥灰水在不同阶段开发利用强度及采煤扰动程度不同,水动力场和化学场演化特征不同。对上述问题的深入认识有助于进一步丰富构造控水理论和地下水流系统理论,并为奥灰水资源保护提供理论依据。本书在现有数据和认识的基础上对上述问题进行了初步探索与尝试。全书共分为6章:第1章为绪论,第2章为研究区概况,第3章为奥灰水水位动态变化特征及其影响因素,第4章为奥灰水动力场演化规律,第5章为奥灰水化学特征及其形成作用,第6章为结论与展望。以上研究是在对韩城矿区奥灰水长期开采和煤矿长期疏排水条件下奥灰水水位、水质和水量的长期监测、模拟计算和理论分析的基础上进行的,以期能够深入掌握矿区煤炭开采与地下水超采对其水动力和水化学场的深刻影响,为韩城矿区奥灰水资源的保护及奥灰水水害防治提供理论支撑,并为水文地质条件相似矿区的煤炭资源开发与地下水资源保护提供借鉴。

本书受众为从事矿井水文地质的科研工作者、教学工作者,地质类在校学生及煤矿相关企业的科技工作者或管理者。本书的出版将进一步丰富构造复杂煤矿区地下水超采(疏排)对其动力场和化学场扰动机制的理论研究成果,不仅可为从事煤矿相关企业的管理者和政策制定者提供参考,还可增强读者对地下水的保护意识。

本书由西安科技大学高质量学术专著出版资助计划(XGZ2024049)、国家重点研发计划(2022YFF1303304)、西安科技大学地质资源与地质工程学科建设经费、西安科技大学博士研究启动项目(2017QDJ012)、陕西省教育厅自然科学专项(21JK0754)、陕西省自然科学基础研究计划(2023-JC-YB-272)、自然资源部煤炭资源勘查与利用综合实验室开放研究课题(ZZ2020-01)联合资助。感谢西安科技大学夏玉成教授、陈应涛副教授、冯娟萍副教授、李慧讲师、杨暖讲师,陕西陕煤韩城矿业有限公司祁云望高级工程师、同新立高级工程师,陕西陕煤韩城矿业有限公司桑树坪煤矿尤胜总工程师、薛国标总工程师、张强工程师,陕西陕煤韩城矿业有限公司象山矿井雷鸽工程师、陈剑工程师在本书成稿过程中给予的指导和帮助;感谢西安科技大学硕士研究生杨韬、薛小渊、杨远航、刘甜甜、张轶喆,本科生王宁和马万其在本书成稿过程中所做的资料整理、数据分析、数值模拟、文献调研以及绘图工作。

  由于作者水平有限,书中难免有不足之处,敬请各位同行和专家学者批评指正,可将对本书的意见和建议发送至 xuke9270@126.com。

作　者
2024 年 11 月

目 录

1 绪 论 …………………………………………………………………………………… (1)
　1.1 研究背景 ……………………………………………………………………………… (1)
　1.2 国内外研究动态 ……………………………………………………………………… (2)
2 研究区概况 ……………………………………………………………………………… (6)
　2.1 自然地理 ……………………………………………………………………………… (6)
　2.2 地质条件 ……………………………………………………………………………… (9)
　2.3 水文地质条件 ………………………………………………………………………… (11)
3 奥灰水水位动态特征及其影响因素 …………………………………………………… (25)
　3.1 奥灰水水位动态特征 ………………………………………………………………… (25)
　3.2 奥灰水水位动态影响因素 …………………………………………………………… (28)
　3.3 奥灰水水位动态表征 ………………………………………………………………… (37)
　3.4 奥灰水水位动态类型 ………………………………………………………………… (38)
4 奥灰水动力场演化规律 ………………………………………………………………… (39)
　4.1 水文地质概念模型 …………………………………………………………………… (39)
　4.2 地下水流数学模型 …………………………………………………………………… (42)
　4.3 地下水流数值模型 …………………………………………………………………… (43)
　4.4 奥灰水流场演化规律 ………………………………………………………………… (55)
5 奥灰水化学特征及其形成作用 ………………………………………………………… (68)
　5.1 奥灰水样点分布 ……………………………………………………………………… (68)
　5.2 奥灰水化学组分特征 ………………………………………………………………… (69)
　5.3 奥灰水化学类型 ……………………………………………………………………… (91)
　5.4 奥灰水离子比例演化 ………………………………………………………………… (92)
　5.5 主成分分析 …………………………………………………………………………… (103)
　5.6 水文地球化学模拟 …………………………………………………………………… (111)
　5.7 奥灰水化学成分的形成作用 ………………………………………………………… (114)
6 结论与展望 ……………………………………………………………………………… (117)
　6.1 结论 …………………………………………………………………………………… (117)
　6.2 展望 …………………………………………………………………………………… (118)
主要参考文献 ……………………………………………………………………………… (120)

1 绪 论

1.1 研究背景

地下水作为水资源的重要组成部分，是维持人类生存的基本条件之一。地下水具有分布区域广、水质优良、易于开采利用等特点，是工农业生产和城市供水的重要水源。根据第二次全国水资源调查评价成果，我国可开采的地下水资源约占水资源总量的30%，70%的城乡居民生活用水来自地下水，95%以上的农村人口饮用地下水，40%的耕地使用地下水进行灌溉（徐丽丽等，2023）。我国自20世纪80年代开始大规模开发利用地下水，并且以10年1倍的速度增长，至2012年达到峰值后逐渐减少。长期以来，人们只重视生活和生产需水，忽视了地下水的生态环境功能，忽略了生态及环境需水。直到20世纪后期，人们才逐渐认识到地下水不仅是供水水源，还是支撑各种生态系统正常运行的要素，其过度开采也是引发各种环境灾害的"祸根"（王大纯等，1995）。我国北方干旱、半干旱地区水资源匮乏，工农业生产大量开采地下水引发了诸如地下水资源枯竭、咸水入侵、地面沉降、地面塌陷、地裂缝、土地沙化等一系列环境地质问题，威胁我国的经济安全、粮食安全和生态安全（徐丽丽等，2023）。同时，在全球气候变化和人类活动影响愈发剧烈的背景下，洪涝、干旱事件频发，突发水安全风险加大等现实问题都预示着地下水资源作为安全替代水源、储备水源的地位在不断上升（刘昕等，2024）。因此，对地下水水量和水质的科学评价有助于地下水资源的合理开发利用。

我国煤-水资源分布不协调，矿区往往缺水，因此，地下水成为主要供水水源。随着煤炭开发重心的西移，西北干旱、半干旱矿区地下水超采问题严重，加之煤矿疏排水及采煤对含水层结构的破坏，矿区水质退化问题逐步显现。韩城矿区位于鄂尔多斯地块东南缘晋西褶曲带与渭北隆起的交会地带，开采历史悠久，自1970年恢复矿区建设起，至今已建成包括桑树坪煤矿、下峪口煤矿、象山矿井和桑树坪二号井等在内的多座矿井，核定生产能力615万t。矿区配套有陕西韩城发电厂、韩城市龙门工业园、陕西龙门钢铁（集团）有限责任公司等煤炭上下游产业，是陕西的工业重镇。韩城的地貌特征为"七山一水二分田"，人均水资源量为$323m^3$，属于极度缺水地区，区内具有供水价值的水源为奥灰水。由于矿区东南部地层翘起，煤层和奥灰水水位埋深浅，所以煤矿和抽水井集中分布于研究区东南部。经过50多年的开发，韩城矿区东南部奥灰水水位大幅下降，水中总溶解固体（TDS）大幅增加，水质退化明显，水质型缺水问题突出。

因此，掌握天然条件下奥灰水化学成分的形成作用，分析长期开采条件下奥灰水动力场和化学场演化特征，揭示长期开采条件下奥灰水化学成分的形成作用，能够为岩溶地下水资源的保护、合理开发利用和深部煤层开采奥灰水突水的风险性评估与防治提供依据。

1.2 国内外研究动态

1.2.1 开采（疏排）导致的流场变化

世界范围内绝大多数国家对地下水的依赖程度较高。美国得克萨斯州 1950—2013 年地下水水位最大降幅超过 80m（Hibbs and Boghici,1999;金海等,2021），许多流域地下水超采导致了地面沉降、水井枯竭、水质下降以及对湿地和溪流的损害（谷丽雅等,2023）;法国博斯地区灌溉造成地下水水位持续下降数米,河川径流量减少了 25%（孙逢玥和侯杰,2024）;荷兰阿姆斯特丹市地下水持续超采导致深层地下水资源逐渐枯竭,甚至造成了严重的海水入侵,部分水井已抽出咸水（江剑等,2014）;日本从 20 世纪 30 年代到 70 年代持续 40 多年的地下水超采造成某些地区累积地面沉降 4m 以上（林家彬,2002）;韩国地下水超采造成严重的水资源短缺和地面沉降问题（蓝楠,2011）;以色列地下水超采造成地下水水位下降至海平面以下,海水向内陆地区侵袭（杜强等,2007）;墨西哥地下水超采造成墨西哥城 100 年下沉了 11m;古巴采矿活动导致地下水水位下降,海水入侵,水质退化（Molerio and Parise,2009）;印度尼西亚雅加达 80% 的供水来源于地下水,地下水超采导致井水咸化,水质日益变差（张华,1991）。

我国在人口不断增长、经济高速发展的进程中,地下水也经历了高强度开采（疏排）阶段,区域性地下水水位下降普遍存在。我国地下水超采区域主要集中在北方地区,北方超采面积和超采量均超过了全国的 90%（尤彧聪和易露霞,2022）,最早出现地下水超采的城市是上海和天津（刘勇,2013）,华北平原作为北方经济发展核心区,已经成为世界上最大的地下水"漏斗区"（张光辉等,2011;艾慧和郭得恩,2018;Min et al.,2022）。我国渤海、黄海沿岸不少地带,由于地下水过量开采,水位持续下降,20 世纪 70 年代中期开始陆续发生海水入侵陆地含水层的现象,进入 80 年代中期,入侵范围逐渐扩大,情况日益严重（陈文芳,2010）。城市地下水超采导致地下水水位持续下降,地下水径流场和应力场发生明显变化,地下孔隙水压力与有效应力承载平衡、地下水-海（咸）水界面水压力平衡被打破,引发地面沉降、海水入侵等地质环境问题（陈飞等,2020）。梁永平等（2013）指出在 1993—2013 年间有近 30% 的岩溶大泉断流,80% 的泉水流量大幅度衰减,区域岩溶地下水水位每年以 1～2m 的速度持续下降,同时有 20% 以上的岩溶水系统主排泄带的水质在Ⅲ类以下且总体趋向恶化（马志敬,2021）。杨配文和魏永富（1996）指出:中国西北内陆灌区、城市水源地、水井由于超采地下水,改变了地下水径流条件,导致咸水入侵,引发了一系列生态地质环境问题。薛禹群等（2000）对柳林泉域柳林电厂水源地不同开采量条件下的咸水入侵问题进行了研究,为电厂水源地设计了科学的开采量。

城市和农牧区地下水水位下降是由超采造成的,而煤矿的高强度疏排水和涌（突）水也会造成地下水水位大幅下降。国外对煤炭的大规模开发集中在 20 世纪 50 年代到 80 年代,对因煤层开采引发的地下水问题研究较早。Stoner（1983）对宾夕法尼亚州格林县地下采煤对水文的影响进行了研究,认为采煤导致含水层渗透性改变,水位降幅与基岩厚度成反比。

Lines(1985)对犹他州中部的某矿开采对地下水的影响进行了研究,认为矿井排水可使含水层水位下降数百英尺,但矿井排水不会显著改变含水层的水质。Booth(1986)认为长壁开采会导致基岩含水层结构、流场和水化学类型的改变,但对浅层含水层影响不大。Zipper等(1997)对弗吉尼亚州煤矿开采对井、泉等供水水源的影响进行了研究,认为矿区范围以外的56处供水点有42处会受到采矿影响。Karaman等(2001)认为长壁开采引发的地面沉降和水位下降对环境会产生长期影响。Donohue和Parizek(1994)研究了长壁开采对宾夕法尼亚州居民生活和农田供水的影响,认为煤矿开采造成地面沉降、地裂缝、泉流量和浅层地下水的减少、地下水对河流的袭夺、土壤水分的减少、地表排水系统的改变、地面积水、地面建筑和通信网络的损坏、煤层气的释放,以及酸性水的产生和不规范的排放等问题。Meredith(2016)认为煤层开采过程中的排水会导致河流基流量减少。Jamal等(1991)对印度某露天煤矿开采所产生的酸性矿井水对河流的污染进行了研究,发现河流下游受酸性、高含油量、高悬浮物矿井水排放的污染而发生水质恶化。Singh等(2011)认为煤矿开采过程中地层中的矿物质与地下水发生化学反应,导致矿井水中各种离子浓度、微量元素和水质的改变,同时大量排水导致周边地下水水位下降。Tiwary(2011)发现产生酸性水的煤矿会降低周围水体的pH,增加总悬浮固体(TSS)、总溶解固体(TDS)和重金属含量,而无酸性水的矿井水硬度、TSS和细菌含量均较高。Ali等(2017)发现煤矿排水使下游河流中的铝、铁、锰、镍和锌的含量增加,对人体健康存在威胁。Young(2004)认为煤炭开采造成的地下水污染会非常持久,浅层地下水可通过一定的技术进行修复,而深层含水层只能采取预防措施,一旦被污染几乎不可能修复。随着地下水保护法的逐步完善及可替代能源的出现,很多煤矿进入了闭坑阶段,国外学者更关注闭坑后矿井水对环境的影响。Adams和Younger(2001)认为煤矿闭坑后水位回升所造成的污染是全球范围内水质退化的一个主要原因。Johnson(2003)对英国和美国的多个废弃煤矿及金属矿进行研究,发现矿山废弃以后,当地下水上升到地表时会污染河流湖泊等。Cuenca等(2013)对某废弃煤矿水位监测发现在1950—1975年煤矿产值高峰时期,地下水水位大幅下降,矿山废弃以后,水位回升,1992—2009年,地下水水位回升了$250\pm50\text{m}$,水位大幅回升对建筑物的稳定性存在较大影响。

根据煤炭产量发展趋势研究预测,2035年前我国煤矿矿井水排放量稳定在$6.0\times10^9\text{m}^3$以上(顾大钊等,2021)。我国华北型煤田开采主要面临底板岩溶裂隙水的威胁,长期对底板水的疏排和治理已经改变了岩溶地下水天然的补给、径流和排泄条件,采动裂隙加大了各含水层之间的水力联系,含水层的氧化-还原条件改变(翟立娟,2012;梁永平等,2021;Li et al.,2024)。山西晋祠泉域内30座煤矿在开采下组煤时总排水量达到了4 505.96万m^3/a(梁永平等,2024)。焦作、峰峰和开滦矿区从20世纪50年代起至21世纪初,矿井排水造成矿区水位下降约43m(武强等,2002)。渭北矿区区域岩溶水位由20世纪80年代的380m下降到360m(马雄德等,2020)。淮南煤田地下水水位由原始水位标高$+24.36\sim+25.18\text{m}$下降到$-19.45\sim-13.90\text{m}$,水位下降约40m(孙丰英,2021)。随着煤炭产能重心西移,西北侏罗系煤田开发强度逐渐增大(范立民等,2020),煤炭开采过程中主要面临顶板水的威胁,由于地质条件相对简单,煤炭开采强度大,对地下水的扰动强烈。范立民等(2021)通过对黄河中游大型煤炭基地地质环境监测总结出矿区已经出现了地下水水位持续下降、泉水断流和干涸、河流流量锐减、水库干涸、地裂缝、地面沉降、地面塌陷等问题(郭小铭,2022)。彬长矿区以矿井为中心出现了多处降落漏斗,地下水水位已较自然状态下降30～50m(李锐等,2021)。永陇-彬长矿区1～4号水源井在采矿期间水位下降69.28～127.65m(师修昌等,2018)。

1.2.2 矿区地下水化学场演化

从矿井水害防治的角度来看,煤层顶底板含水层的水被视为威胁矿井安全生产的灾害因子,主要采取疏降措施,煤矿大幅疏排地下水不仅造成水位大幅下降,还造成地下水化学场变化。孙亚军等(2022)指出矿区地下水动力场的演化可分为采前自然平衡、开采强烈扰动和闭坑后再平衡3个阶段,且矿井水质形成过程所发生的物理-化学-生物作用主要受地下水动力场的驱动和影响。我国对煤矿开采引起矿区地下水水化学环境变化的研究起步于20世纪90年代,最初对矿区水化学场的关注聚焦在突水水源识别方面(张瑞钢等,2009;黄平华等,2011;董东林等,2023),随着煤炭开采对生态地质环境负效应的逐步显现,采动影响下矿区水化学特征的演化逐渐受到关注。梁永平等(2013)通过对山西岩溶大泉从20世纪90年代初到21世纪后主要离子浓度进行统计,发现岩溶水中主要离子组分浓度不断增加,主要表现为SO_4^{2-}和Cl^-浓度、硬度的增加。韩永(2012)认为兖州煤田深部岩溶水(奥灰水)从补给到排泄区主要发生了石膏和岩盐的溶解、方解石的沉淀、白云石的溶解或沉淀和阳离子作用以及CO_2的溶解或逸出。乔小娟等(2010)通过对山西太原西山煤矿长期采煤影响下矿井水化学特征的研究,认为煤矿开采一方面改变了地下水系统与地表水系统的补排关系,另一方面使得矿井水HCO_3^-浓度降低,而SO_4^{2-}浓度增加,pH降低,造成了地下水环境的污染。陈陆望等(2012)通过对淮北矿区任楼井田不同时期"四含"(松散层第四含水层)、"煤系"(二叠系煤系砂岩裂隙含水层)、"太灰"(太原组岩溶含水层)和"奥灰"(奥陶系岩溶含水层)水的常规水化学数据分析得出采动影响导致上述4个含水层出现不同程度的"咸化""硬化"和"脱硫酸化"。牛磊等(2013)通过对焦作矿区地下水化学特征的分析,发现建矿初期地下水化学类型以HCO_3-Ca型或HCO_3-Ca·Mg型为主,经过多年的煤炭开采,水化学类型由单一趋向多元,逐渐复杂化。郝春明等(2014)通过对峰峰矿区岩溶水水动力环境演变的研究,认为煤炭高强度开采期地下水漏斗扩大,地下水流速变缓,矿物溶解能力降低,当煤炭资源近枯竭时,采掘扰动强度降低,降水入渗补给是水位开始回升的重要因素,矿物溶解能力增强。殷晓曦等(2017)通过对临涣矿区1966—2014年"四含""煤系"和"岩溶"含水层的883个水样常规离子进行分析得出,受采动影响,矿区"四含"水化学类型从开采初期的SO_4-Ca·Mg型逐渐演化为SO_4·Cl-Na·Ca·Mg型;"煤系"从开采初期的SO_4-Na·Ca·Mg型逐渐演化为HCO_3·Cl-Na型;"岩溶"含水层从开采初期的SO_4-Na·Ca·Mg型逐渐演化为$Cl·SO_4$-Na·Ca型。武亚遵等(2018a)对鹤壁矿区长期(1985—2017年)采煤影响下的岩溶地下水水文地球化学特征进行研究,得出岩溶水在补给区、径流区和排泄区主要水岩作用为碳酸盐岩、石膏和岩盐的溶解与沉淀,阳离子交换吸附作用,且奥灰水中SO_4^{2-}、Cl^-和TDS含量逐渐增加,采矿活动对水质的影响随时间增强。李双慧(2021)对准格尔煤田岩溶水化学特征及演化规律进行了研究,认为奥灰水径流过程中水化学组分主要受溶滤作用、阳离子交换吸附作用、氧化作用、脱硫酸作用和混合作用影响,并采用同位素确定了黄河对寒武系—奥陶系岩溶水的补给比例。

孙丰英(2021)对淮南煤田岩溶地下水化学特征及形成机制进行了研究,认为对岩溶地下水形成作用影响最大的是浓缩作用,其次是溶滤作用,再次是混合作用,大规模集中疏排岩溶水导致的混合作用在控制岩溶水化学成分上逐渐占据重要地位。张泽源等(2020)对保德煤矿奥灰水的水化学特征进行了研究,认为奥灰水在径流区以方解石、白云石和石膏的溶解为主,滞流区出现白云石沉淀,石膏始终处于不饱和状态,阳离子交换吸附、脱硫酸反应、溶滤沉析作用是控制矿区地下水化学环境的主要作用,从径流区到滞流区呈 HCO_3-$Na(Na·Ca)$→$HCO_3·Cl$-$Na·Ca(Ca·Mg)$→Cl-$Na(Na·Ca)$的变化趋势。

以上学者对超采条件下地下水水位的变化、地下水化学成分和环境的变化进行了广泛的研究,总结出地下水化学场演化的根本在于地下水动力场的变化,但是对地下水动力场的演化缺乏系统的长期研究,也缺乏水动力场对水化学场控制作用的研究。因此,本次研究在前人研究成果的基础上,探索长期超采(疏排)条件下水动力场的演化过程及其对水化学场的控制作用,可为韩城矿区及相似水文地质条件矿区煤炭资源开发过程中奥灰水资源保护和水害防治提供理论依据。

2　研究区概况

2.1　自然地理

2.1.1　地理位置

韩城矿区位于陕西省渭南市韩城市内，深部位于黄龙、宜川县内。研究区东南以韩城大断层为界，西侧与澄合矿区毗邻，西北为矿区的深部，东北部跨黄河和山西乡宁煤田相连。矿井走向长约60km，倾向宽15～20km，全区面积约1 119.31km²，交通便利。韩城矿区地理位置见图2.1。

图2.1　韩城矿区地理位置图

2.1.2 地形地貌

韩城矿区位于渭北煤田东北端、黄河西岸,绝大部分为黄土塬形成的低山丘陵,沟谷纵横,地形复杂。地势西北高东南低,本区最高点为高祖山,海拔标高 1432m,最低处为狮山口浞水河河谷,海拔标高 400m,区内一般标高在 600～800m 之间,相对高差为 1032m(图 2.2)。

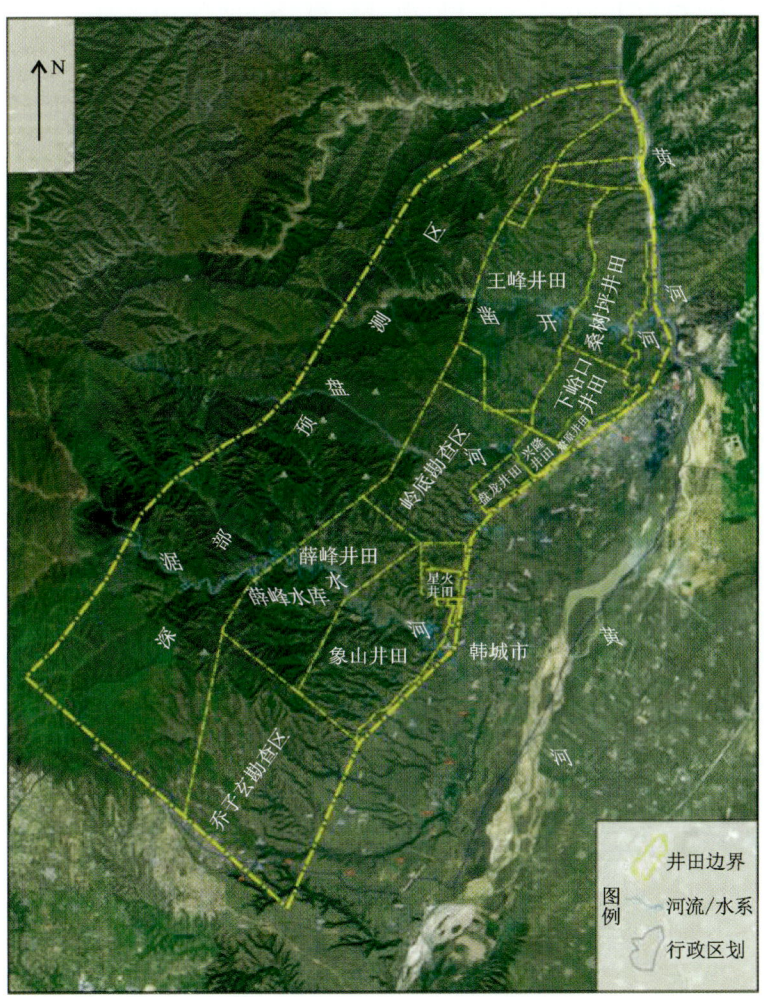

图 2.2 韩城矿区地形地貌图

2.1.3 气象

韩城矿区属大陆型干旱—半干旱气候,年平均气温 14.5℃,最高气温 41℃,最低气温 −14.8℃;最大积雪厚度 160mm;年最大冻土厚度 420mm;最大风力 9 级,一般风力 2～3 级,以东北风为主。据气象局资料,研究区 1975—2022 年间多年平均降水量大约为 545.91mm,年平均最大降水量为 957.3mm(1983 年),年平均最小降水量为 408.6mm(1986 年),降水量峰值在 6—7 月,月平均降水量分别为 141.99mm、105.69mm。年平均蒸发量约为 2220mm,湿润系数为 0.22。研究区多年平均降水量和蒸发量见图 2.3。

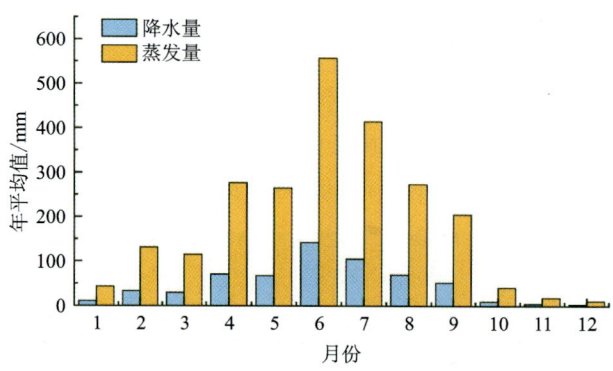

图 2.3 韩城矿区多年平均降水量和蒸发量变化图

2.1.4 河流水系

区内常年性河流有黄河、凿开河、盘河、潏水河,尚有诸如马庄河、白帆河等季节性河流多条。河流基本情况见表 2.1。

表 2.1 韩城矿区主要河流概况表

河名	河长/km	流域面积/km²	流量/(m³·s⁻¹)	河道纵比降/(×10⁻³)	备注
黄河	5464	795 000	1775		
凿开河	58	308.5	0.3~3.8	17.3	黄河一级支流,常流河
盘河	44.3	191.8	0.02~0.32		黄河一级支流,常流河
潏水河	45	795.8	0.84~22.71	14.3	黄河一级支流,常流河

黄河由北向南流经矿区的东部,为秦、晋两省的天然分界。在矿区北部,自北向南切穿煤系地层,切割寒武系、奥陶系灰岩,在禹门口一带形成峡谷,河床宽 120~400m,流经灰岩段地层长为 7km,最大洪水流量为 24 000m³/s(1939 年 4 月),最小洪水流量为 73m³/s(1963 年 1 月),常年平均洪水流量为 6328m³/s;水位高程在 373~385m 之间,最高洪水位标高 391.05m(1929 年 4 月),最低洪水位标高 371.84m(1972 年 11 月),水面坡降为 3×10^{-3}~4×10^{-3},为矿区的区域侵蚀基准面。

凿开河发源于黄龙山东麓宜川县内,由西北流向东南,流经矿区北部的桑树坪井田后,在禹门口附近汇入黄河,全长 58km,流域面积 308.5km²。河道纵比降为 17.3×10^{-3},最大洪流量 14 427m³/s,平均流量为 0.3~3.8m³/s。流经灰岩地层长约 3km。

盘河发源于黄龙县内的大岭山东麓,向东南流经盘龙、杨村寨,向东经昝村南汇入黄河,全长 44.3km,流域面积 191.8km²,一般流量为 0.02~0.3m³/s。最大洪流量为 150~200m³/s。流经灰岩地层长约 1.2km。

潏水河发源于黄龙山东麓宜川县内,为矿区内一条较大的常年性河流,由西北流向东南,在狮山与象山之间切穿奥灰岩地层约 1km,向东南流经韩城市,折向南流,流入黄河,全长 45km,流域面积 795.8km²,流量为 0.84~22.71m³/s,平均流量 3.3m³/s,河道纵比降为 14.3×10^{-3}

宇	界	系	统	组	段	地层符号	柱状 1:500	标志层号	煤层编号	煤层/m 最大~最小/一般厚度	地层/m 最大~最小/一般厚度	主要岩性特征
显生宇	新生界	第四系	全新统			Qh					0~100	主要由冲积、洪积、坡积的亚砂土、粉砂、中砂、细砂、亚黏土组成。
			更新统			Qp					0~300/0~170	上部由黄色、棕色亚黏土，亚砂土组成，中部及下部为砾石、砂砾或粗砂为水平层理。
		新近系	上新统			N₂					0~20	矿区局部地区沟堑零星出露，岩性为标红色含粉砂黏土，夹层状钙质结核。
	中生界	三叠系	中统	纸坊组	二段	T₂z²					400~587/500	上部以灰绿色厚层块状粉砂岩与紫红色泥岩互层，粉砂岩与黄绿色、灰绿色泥岩，含有铁质结核，砂岩分选好，钙质胶结，多为水平层理及斜波状层理，中部紫色、多含植物根及碎屑化石，并夹有煤线，叶肢介化石，含钙质结核。下部暗紫色局部含有粉砂岩，棕红色粉砂岩互层，夹介形虫，并有虫迹。
					一段	T₂z¹					180~279/200	灰绿色、黄绿色厚层状粉砂岩与棕红色、紫红色粉砂岩、砂质泥岩不等厚互层，钙质结核，含有叶肢介形虫，底界不明显。
			下统	和尚沟组		T₁h					80~140/100	砖红色及紫红色细粒砂岩，砂质泥岩夹灰绿色薄层状粉砂岩互层，以泥质胶结，比较坚硬，中上部中厚层状灰岩及砂质泥岩类化石。底部薄层碎屑岩及砂质胶结，含叶肢介化石。
				刘家沟组		T₁l					150~294/200	该组主要分布于矿区深部各地。上部为灰紫色细粒砂岩，中夹有砖红色泥岩，成分以石英为主，长石次之，泥灰质胶结，具有大型斜层理，含多层薄层砾岩。中下部为紫红色细粒砂岩，红紫色胶结为细粒砂岩，砾石成分为灰紫钙质粉砂岩、粉砂岩、砾岩等。底部有分选差的砾岩。排列有一定方向。
	古生界	二叠系	上统	孙家沟组	二段	P₃s²					40~70/50	暗紫红色薄层状泥岩、砂质泥岩互层、水平层理发育，层间有薄层灰岩或石膏层。
					一段	P₃s¹					100~250/180	灰绿色中厚层砂岩和暗紫红色泥岩互层，泥灰质胶结，砂岩含铁质胶结，硅质胶结，层间夹透镜状钙质砾岩，具大型直立斜层理，含植物化石及碎片。
				上石盒子组		P₂-P₃sh					130	中上部和中部为灰绿色中粗粒砂岩和灰紫色粉砂岩、砂质泥岩互层，底界有一层粗粒砂岩夹灰白色砾状泥岩。
			中统	上石盒子组		P₂-P₂sh		K₃			150	上部和中部以灰黄色粉砂岩、砂质泥岩及薄层状植物化石，具有完整植物化石，下部以灰绿色、浅灰紫色为主，近底界灰白色岩及紫色花斑泥岩，俗称"桃花泥岩"。
				下石盒子组		P₂x					14~80/55	上部为灰色中粗粒砂岩与黄色、灰绿色中粒砂岩互层，中部有植物化石及黑色含铁质薄层，普通含灰白色云母片，近底部变厚层状云母物质砂岩，向下变粗，分选较好，滚圆度及紫色磨圆铁质胶结，顶部有少量云母片，矿区南部井田沉积井田北部厚度较厚。

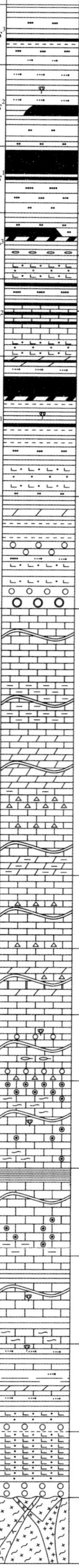

宇	界	系	统	组	段	地层符号	柱状 1:500	标志层号	煤层编号	煤层/m 最大~最小/一般厚度	地层/m 最大~最小/一般厚度	主要岩性特征
显生宇	古生界	二叠系		山西组	三段	$P_1-P_2s^3$			1	0-2.02/0.3	34~72/52	上部为灰色砂岩，含较多云母片，深灰色粉砂岩、泥岩含菱铁矿结核，有植物化石，夹一层不可采煤层。中部为灰色含云母砂岩，深灰色粉砂岩、泥岩夹二层局部可采煤层，2号煤层顶板含大量植物化石。下部为褐色—灰白色，含云母砂岩(K_4)深灰色及灰黑色的粉砂岩、砂质泥岩、泥岩、夹3号煤层，为主要可采煤层。顶底板均含有大量植物化石。
					二段	$P_1-P_2s^2$			2	0.05-7.02/1.10		
					一段	$P_1-P_2s^1$			3	0.18-9.26/2.9		
			下统					K_4	4	0-0.9/0.3		
				太原组	三段	$C_2-P_1t^3$			5_{-1}	0-4.87/2.2	45~80/50	上部为深灰色粉砂岩、泥岩及灰白色石英砂岩，夹5号不稳定的不可采煤层。中部为生灰色石灰岩(K_2)及粉砂岩、黏土岩、石英砂岩、泥质灰岩夹不稳定7~10号煤层，灰岩中含有大量海相化石。下部为灰白色石英砂岩，浅灰色黏土岩，深灰色泥岩、粉砂岩夹11号煤层，为主要可采煤层之一。在局部地段，该组底部可见12号煤层呈孤立状零星分布。
								K_3	5_{-2}	0-2.35/0.5		
									6	0-2.17/0.4		
					二段	$C_2-P_1t^2$		K_2	7	0-1.37/0.5		
									8	0-0.8/0.2		
		石炭系	上统						9	0-1.23/0.3		
									10	0-0.87/0.2		
					一段	$C_2-P_1t^1$			11	0.15-12.4/2.7		
									12	0.15-1.7		
				本溪组		C_2b		K_1			0~80/15	主要为灰色团块状具鲕状结构的黏土岩、灰色泥岩、砂质泥岩及灰色石英砂岩、砂砾岩。顶部为深灰色泥岩，以铝质泥岩及山西式铁矿为本组底界。产有动植物化石。因受奥陶系灰岩顶面古侵蚀地形的控制，沉积厚度在区内颇不均衡，南部井田比北部沉积厚度大且连续。
		奥陶系	中统	马家沟组	六段	O_2m^6					264~411/374	一段：主要为中薄层泥粉晶白云岩、泥质白云岩。下部为黄灰色砾岩，砾石成分以燧石为主，分选较差。 二段：上部为灰、深灰色块状泥—粉晶白云岩。中部为灰色、黄灰色泥晶、粉晶白云岩和泥质白云岩，泥质白云岩中纹理发育，层面上具泥裂，中下部含少量砂屑。下部为灰泥石灰岩。 三段：灰色—黄灰色泥晶、粉晶白云岩夹薄板状、页状含泥白云岩，含陆源石英砂，夹数层同生角砾、膏溶角砾。 四段：灰色—深灰色厚层至块状泥—细粉晶白云岩，下部夹断续状燧石条带及结核，具微细层理，顶部变为薄层至页状。 五段：灰色、灰白色块状泥—细粉晶白云岩夹中层灰质白云岩、泥质白云岩、砂屑白云岩及泥岩。 六段：浅灰色、灰白色块状粉晶灰岩，下部呈薄层状，残存厚度仅17.23m。六段相当于峰峰组，因加里东运动在鄂尔多斯本部大多缺失，仅东部尚有零星分布，而在鄂尔多斯南缘则较为发育。在南缘淳化—旬邑一带沉积厚度大于300m。岩性主要为泥粉晶灰岩和白云岩，顶部可发育风化壳。
					五段	O_2m^5						
					四段	O_2m^4						
					三段	O_2m^3						
					二段	O_2m^2						
					一段	O_2m^1						
			下统	亮甲山组		O_1l					42~140/52	上部含灰质，夹数层薄层状烟灰乳白色燧石条带。下部含泥质及燧石结核，团块状，层面极不平整，局部为硅质白云岩，裂隙发育，方解石充填。底界角砾状灰岩，溶蚀裂隙、溶孔发育。
				冶里组		O_1y					40~130	上部以白云质灰岩与灰黄色泥灰岩互层为主。下部以浅灰色燧石灰岩、角砾状灰岩为主。底部含有少量鲕状白云岩，局部见垂直溶蚀裂隙。
		寒武系	上统			$\in_3$					60~180	上部为灰色中厚层状白云质结晶灰岩。下部为深灰色、浅灰色鲕状白云质灰岩，夹泥质条带和竹叶状白云质灰岩。含有三叶虫化石。底部为角砾状灰岩。
			中统	张夏组		$\in_2z$					119	上部为鲕状灰岩夹竹叶状砾屑石灰岩。中部为灰色中厚层状结晶白云质灰岩。下部岩性复杂，以灰、褐灰色鲕状石灰岩和骨屑鲕状石灰岩为主，夹有灰色薄层状隐晶石灰岩和竹叶状砾屑石灰岩。含三叶虫化石。
				徐庄组		$\in_2x$					66~87	上部以灰紫色—暗紫色砂质页岩为主，中夹薄层状含海绿石钙质石英砂岩和砂质灰岩，遗迹化石发育。中部为各种颗粒灰岩与灰紫色泥岩互层。底部为鲕粒灰岩与泥晶灰岩，黄灰色薄层状钙质泥岩和泥灰岩中夹泥晶鲕粒灰岩。
				毛庄组		$\in_2m$					29~63	以紫红色、棕红色、灰紫色砂质页岩、页岩为主，夹紫灰色薄层砂质灰岩和含海绿海绿石钙质石英砂岩，底部和近顶部夹有紫灰色中厚层状石灰岩，底部含海绿石的骨屑砂屑灰岩和亮晶竹叶状灰岩。灰岩中含丰富的动物化石。
			下统	馒头组		$\in_1$					45~60	上部为浅灰色中厚层状灰岩和灰绿色、黄绿色、暗紫色粉砂岩、泥岩互层。下部为黄灰、浅灰色泥灰岩，灰岩与钙质粉砂岩、泥岩互层，泥岩中产有三叶虫化石。底部为一层灰白色厚层状中细粒石英砂岩。
元古宇	新元古界	震旦系				Z					0~20	中上部为灰白色中厚层状石英岩状砂岩，具中大型交错层理，含石英和少量长石。底部局部有一层透镜体状底砾岩，含薄层片麻岩岩屑和磁铁矿碎屑，棱角状砾石，分选差，填裂物为石英砂等。
太古宇	新太古界	涑水群				Ar_4S					不详	以花岗片麻岩为主，夹云母绿泥片岩，具花岗变晶结构与似斑状结构，片麻桩构造与条带状构造。局部含磁铁矿、石英岩脉与辉长岩脉等。

图 2.4　韩城矿区地层柱状图(修改自夏玉成等，2016)

在河流中游,筑有薛峰水库,于1973年7月建成,库容量4360万 m³。

需要说明的是,涺水河为区内除黄河外最大的一条河流,但自从薛峰水库建成后,涺水河下游流经灰岩段的流量锐减,水库下游主要靠象山井田排放矿井水补给,矿井水排放量峰值能够达到385m³/h,约0.11m³/s,多年平均值约200m³/h,约0.06m³/s。盘河上游也有龙嘴、七一两座小型水库,因此,其下游河道水量也靠盘龙煤矿矿井水补给。凿开河上游无水库,但其流经桑树坪煤矿后才进入灰岩段,桑树坪煤矿的矿井水也向河道排泄,矿井水排放量峰值能够达到580m³/h,约0.16m³/s,多年平均值为475m³/h,约0.13m³/s。象山、盘龙和桑树坪煤矿矿井水的主要充水水源为煤层顶板砂岩水,其次为采空区和老空区积水,矿井水经初步处理去除悬浮物后即向河道排泄,其水化学类型以HCO_3-Na型和$HCO_3·SO_4$-Na·Ca型为主。

2.2 地质条件

2.2.1 矿区地层

韩城矿区属华北石炭系—二叠系煤田,依据钻孔揭露情况区内发育的地层由老到新为涑水群(Ar_4S)、震旦系(Z)、寒武系($\in$)、奥陶系(O)、石炭系(C)、二叠系(P)、三叠系(T)、新近系(N_2)、第四系(Q),地层详情见图2.4。

2.2.2 构造运动与地质构造

1)构造运动

韩城矿区受加里东运动、印支运动、燕山运动和喜马拉雅运动等多期构造活动的影响,矿区地层产状和水文地质条件受构造控制明显。

古生代早期的加里东运动使华北板块内部大部分隆起成陆,整体处于古陆剥蚀状态,直至晚石炭世才开始接受沉积。三叠纪晚期的印支运动使华南板块向华北板块下发生陆内A型俯冲,形成秦岭-大别造山带,在韩城矿区形成近WE向延伸的纵弯褶皱和近WE走向的逆断层,还形成由NE走向和NW走向剪裂面构成的平面共轭剪节理系。侏罗纪到早白垩世的燕山运动时期是韩城矿区最重要的一次构造变形期,决定了本区地层的主体产状,自SE向NW的挤压运动使矿区东南部抬升、西北部沉降,矿区东南部翘起地层遭受剥蚀,形成区内规模最大的一级逆冲推覆构造(F_2),即倒转背斜残留的西北翼,亦即走向NE、倾向NW的单斜构造。晚白垩世—新生代,区域构造体制发生了重大变化,由挤压构造体制转化为伸展构造体制,构造应力场以SE向拉张为特征,伸展构造大量出现,煤矿生产过程中揭露的大量正断层都是这一时期的产物,其中最为明显的是张扭性正断层F_1。同时,拉张构造应力场牵动了前两期已形成的构造破裂面,使大部分破裂面发生不同程度的张裂,结果形成了一系列不同走向的正断层。矿区南东向地层剖面见图2.5。

2)地质构造

韩城矿区地处渭北煤田东部,祁-吕-贺"山"字形构造前弧东翼边缘的内弯部、新华夏第三沉降带的东部以及秦岑阴山两个纬向构造带之间。韩城矿区是韩城倒转背斜的残留翼,总

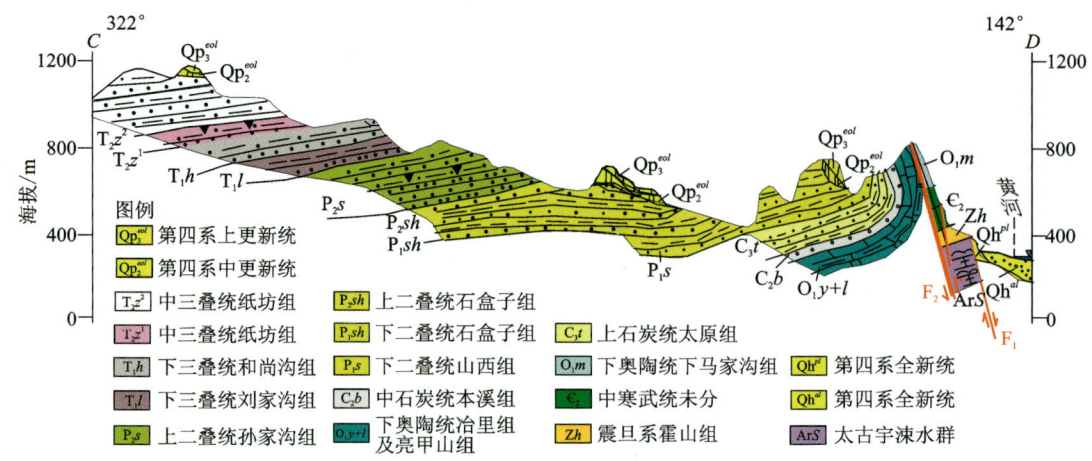

图 2.5　多期构造运动下韩城矿区地层剖面

体构造格局为一走向 NE、倾向 NW、被次级褶皱与断裂构造复杂化的单斜构造(图 2.6)。断裂构造与褶皱构造均较发育,但在空间上差异明显,总体具有"东西分带,南北分块;浅部复杂,深部简单"的规律。

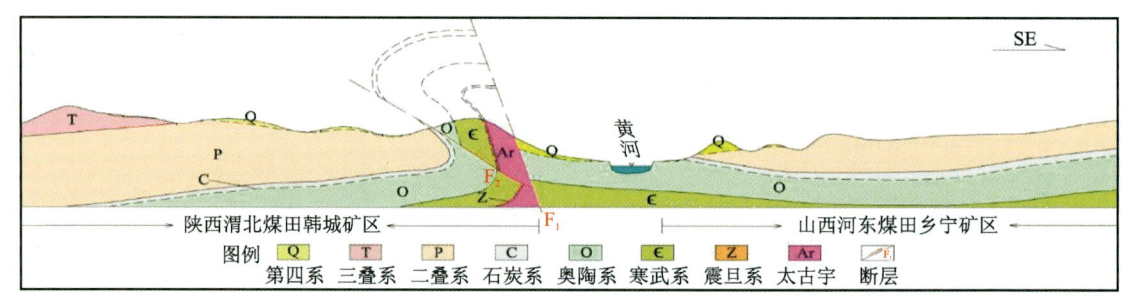

图 2.6　韩城矿区及相邻矿区地质构造 NW-ES 向剖面图(夏玉成等,2016)
注:韩城矿区剖面依据下峪口井田资料;乡宁矿区剖面依据船窝井田资料。

依据矿区钻孔资料绘制地层走向剖面图(图 2.7),从图中可以看出矿区地表及地层均呈波状起伏。

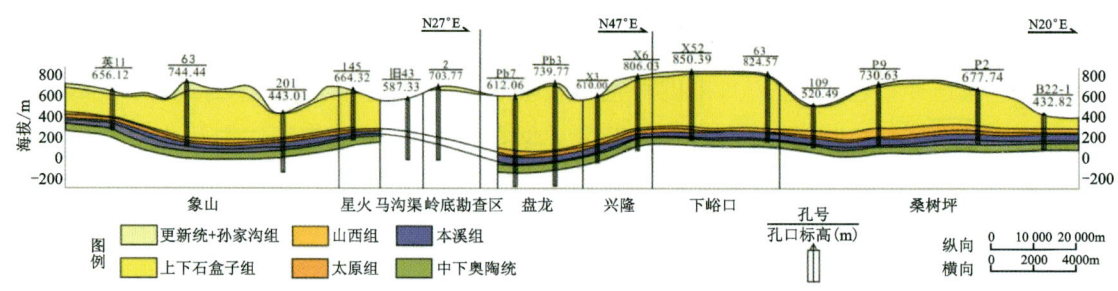

图 2.7　韩城矿区地质构造走向剖面图(夏玉成等,2016)

韩城矿区发育大型断层 31 条(不含地震勘探以及新解译断层),占断层总数的 5%;主要分布在矿区东南边浅部和矿区南部,其中东南边浅部断褶带断层走向以 NE 为主,其余区带均以近 EW 向为主;正断层 77.4%,逆断层 22.6%。落差在 5~20m 之间的中型断层共有 33

条(不含地震勘探断层),占断层总数的 5.4%,其中又以落差在 5~10m 之间的断层居多;中型断层走向有 NW、NE 及近 EW,其优势方位为 NW;正断层 87.6%,逆断层 12.1%。区内已经揭露的小型断层占断层总数的 89.6%;正断层 92.0%,逆断层 8.0%;落差在 1~2m 之间的断层居多;走向以 NE、NW 为主,其次为近 EW 和近 SN;小型断层多分布在大型断层附近或褶皱轴部及转折端,小型断层发育具有一定的密集成带性,共发育 NW 走向、NE 走向、近 SN 向及近 EW 走向 4 组小型断层密集带。

矿区内普遍发育区域性剪节理,NW 走向与 NE 走向的剪节理构成早期共轭剪节理系,近 EW 走向与近 SN 走向的剪节理构成晚期共轭剪节理系。其中近 EW 走向与近 SN 走向的剪节理最为发育(图 2.8)。

图 2.8　韩城矿区北部黄河右岸基岩中发育的共轭剪节理

矿区内褶皱构造共分为四级:一级褶皱为韩城倒转背斜,其轴向为 NE,韩城矿区的主体是其残留的北西翼;二级褶皱为南区的复式背斜和北区的复式向斜,其轴向为近 EW;三级褶皱为二级褶皱上发育的更次一级褶皱,共发育 19 条,其轴向为 NW 和近 EW,其中 NW 占 53%,近 EW 占 47%,北区以 NW 轴向为主,南区以近 EW 轴向为主,褶皱轴向多发生偏转;四级褶皱为井田内局部发育的煤层底板的起伏变化。总体来看,(复式)背斜的变形强度大于(复式)向斜;对煤层开采影响较大的三级褶皱构造在南、北两区存在明显的分区性,南区的褶皱延伸长度和褶皱幅度均大于北区。

研究区构造纲要图见图 2.9。

2.3　水文地质条件

渭北高原构造总体为倾向 NNW 的单斜断块,周边均为断裂所切限,形成了独立的水文地质单元。在该水文地质单元内部,根据水文地质条件的不同,以徐水沟附近爱贴村断裂组为界,又可分为两个独立的水文地质单元——韩城水文地质单元和合耀水文地质单元。

韩城水文地质单元东南侧以韩城大断裂(F_1)为界,断层下盘上升,使古生界冻水群、寒武系和奥陶系出露,断层上盘下降,主要沉积第四系厚层松散堆积物,F_1 可视为弱透水边界;东北以黄河河谷为界,部分河谷切割奥灰含水层,两者存在水力联系;北部及西北为人为划定边界,可视为奥灰水深埋滞流区;西南侧发育一系列逆冲断层,可视为阻水边界。韩城水文地质单元以文家岭隆起为界,可分为南区和北区两个次级水文地质单元(王生全,2002)。

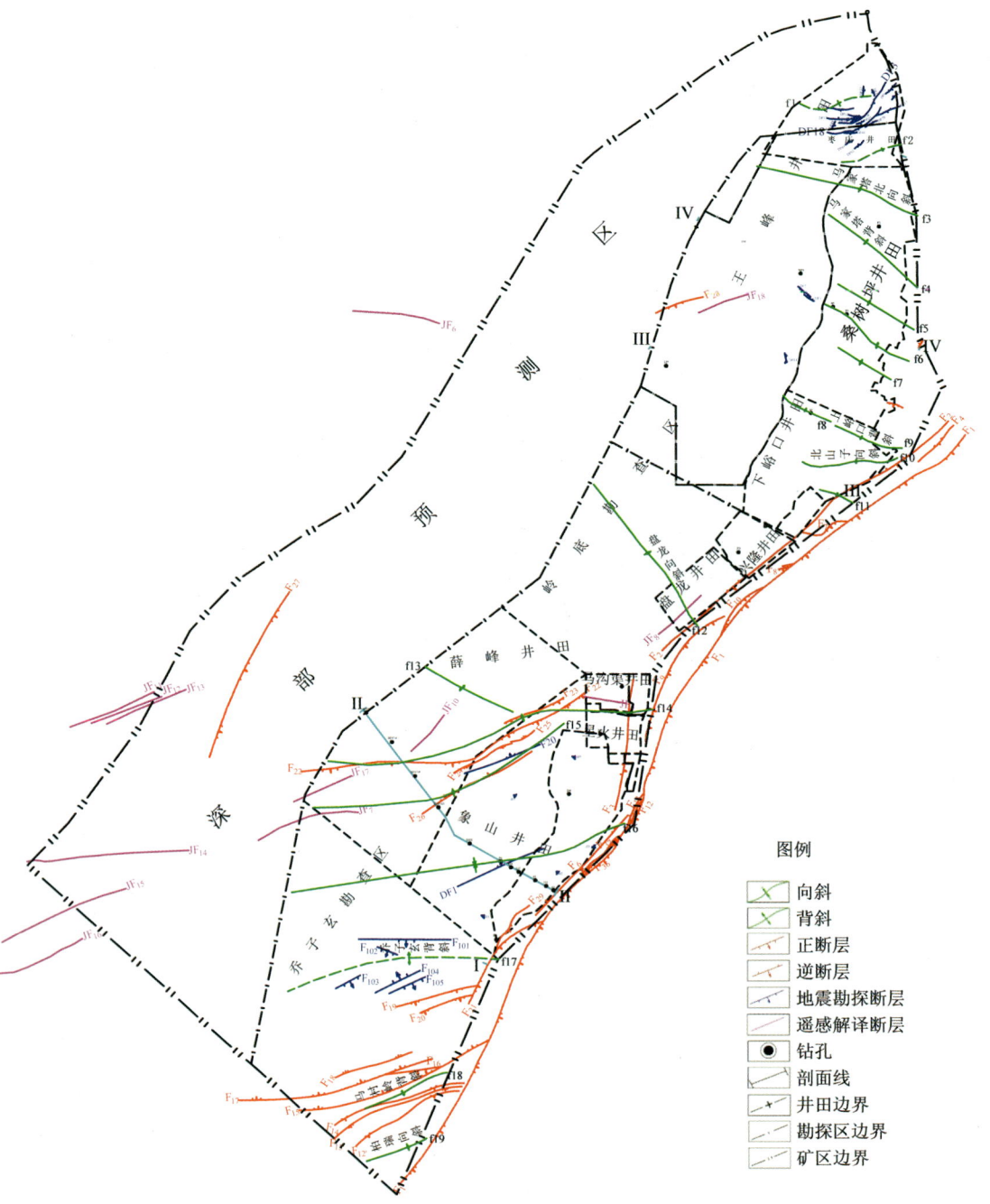

图 2.9　韩城矿区构造纲要图（夏玉成等，2016）

2.3.1　含（隔）水层

韩城矿区地下水主要赋存在第四系底部、石炭系—二叠系基岩裂隙与奥陶系碳酸盐岩岩溶裂隙之中。煤系及其上覆各含水层充水空间不太发育，受沉积作用控制，含水层与隔水层在空间上呈相间层叠置分布，形成多层结构的复合承压含水体。含水层富水性和透水性多不良,水力联系较差,加之地形复杂,地表径流条件好,渗透有限,补充不足,含水量普遍不大。而煤系基底奥陶系碳酸盐岩受岩性和构造的影响,在地下水的溶蚀作用下,岩溶裂隙在边部、浅部十分发育,在纵向分布不均,岩溶含水层的富水性、透水性强,但空间分布极不均一,水文地质条件复杂,含水层为多层段结构的复合承压含水体。

2.3.1.1 含水层划分

含水层组的划分主要依据含水系统储水介质发育情况(含水性)、储水介质连通性(导水性)和含水系统补径排条件(可更新性)等水文地质特征,并结合勘探及矿井生产资料。区内含水层主要有松散岩类含水层组、煤系覆岩裂隙承压含水层组、含煤岩系砂岩(灰岩)裂隙承压含水层组及煤系基底碳酸盐岩岩溶裂隙承压含水层组。总体而言,松散岩类含水层组富水性不均一;煤系覆岩裂隙承压含水层组与含煤岩系砂岩(灰岩)裂隙承压含水层组富水性、透水性相对较弱;煤系基底碳酸盐岩岩溶裂隙承压含水层组富水性、透水性强,但极不均一。

具体可将矿区含水层划分为以下 4 组 17 层(表 2.2)。

表 2.2 韩城矿区含水层划分表

含水层组划分	代号	含水层组名称	含水层层数	代号	含水层名称
第一含水层组	H_1	松散岩类含水层组	3	H_{1-1}	全新统粉砂岩孔隙含水层
				H_{1-2}	全新统中、粗砂岩孔隙含水层
				H_{1-3}	更新统粗砂岩孔隙含水层
第二含水层组	H_2	煤系覆岩裂隙承压含水层组	3	H_{2-1}	上石盒子组砂岩裂隙含水层
				H_{2-2}	上石盒子组下段(K_5)砂岩含水层
				H_{2-3}	下石盒子组底部砂岩含水层
第三含水层组	H_3	含煤岩系砂岩(灰岩)裂隙承压含水层组	6	H_{3-1}	山西组顶部砂岩含水层
				H_{3-2}	山西组中部砂岩含水层
				H_{3-3}	山西组底部(K_4)砂岩含水层
				H_{3-4}	太原组(K_3)砂岩含水层
				H_{3-5}	太原组(K_2)灰岩含水层
				H_{3-6}	本溪组石英砂、砾岩含水层
第四含水层组	H_4	煤系基底碳酸盐岩岩溶裂隙承压含水层组	5	H_{4-1}	峰峰组二段岩溶裂隙强含水层
				H_{4-2}	上马家沟组三段岩溶裂隙弱含水层
				H_{4-3}	上马家沟组二段岩溶裂隙强含水层
				H_{4-4}	下马家沟组二段岩溶裂隙含水层
				H_{4-5}	冶里组—亮甲山组岩溶裂隙弱含水层

1)松散岩类含水层组

该含水层组主要赋存于第四系更新统和全新统砂层、砾石层及河流冲积层中。更新统孔隙水主要赋存于黄土、亚砂土及细砂层中,区内沉积厚度小,含水微弱。全新统砂砾石层在区内近东西向的几条山间河谷一、二级阶地及河漫滩中有连续分布,但范围、厚度均不大,一般厚度在10～20m之间,单位涌水量q为0.003 5～21.11L/(s·m),是本区供水的主要含水层。该含水层组由上至下可细分为3层。

(1)全新统粉砂岩孔隙含水层(H_{1-1}):位于第四系的上部,为黄褐色粉砂,含水层厚10～24m,分布不连续,平均厚度11.8m。在象山井田测得单位涌水量q为2.73～21.11L/(s·m)。水化学类型为$HCO_3·SO_4$-$Ca·Mg$型或HCO_3-$Ca·Mg$型,矿化度在1g/L左右,含水性较强。

(2)全新统中、粗砂岩孔隙含水层(H_{1-2}):位于第四系的中部,为黄褐色中、粗砂,含水层厚26～36m,平均厚度29.80m,主要分布在矿区北部。在下峪口煤矿测得单位涌水量q为10.68L/(s·m),渗透系数K为7.20m/d。水化学类型为$HCO_3·SO_4$-$Ca·Mg$型或HCO_3-$Ca·Mg$型,矿化度在1g/L左右。

(3)更新统粗砂岩孔隙含水层(H_{1-3}):位于第四系的下部,为褐黄色粗砂,含水层厚0～100m。在下峪口煤矿测得平均单位涌水量q为1.83L/(s·m),渗透系数K为11.78m/d。北区的水化学类型为$HCO_3·SO_4$-$Ca·Mg$型或HCO_3-$Ca·Mg$型,南区的主要为HCO_3-Na型,矿化度小于1g/L。

2)煤系覆岩裂隙承压含水层组

该含水层组由一套不同粒级的砂岩组成,间夹泥岩,为复合含水层组。其中对煤层开采有影响的主要是上石盒子组砂岩裂隙含水层、上石盒子组下段(K_5)砂岩含水层和下石盒子组底部砂岩含水层。这些含水层组的富水性由各层岩性、厚度、埋藏条件、构造破坏程度等因素控制。该含水层组在矿区边浅部因断层构造破坏,岩层裂隙发育,张开性好,富水性强,但向中深部由于构造发育差而急速减弱,形成越向中深部含水性越弱的含水规律。加之各含水层与隔水层相间排列,故在自然状态下,各承压含水层组互相不排泄,地下水与地表水无密切水力联系,因此,该含水层组属以静储量为主、水量不丰富的裂隙弱含水层组。该含水层组由上至下细分为4层。

(1)上石盒子组砂岩裂隙含水层(H_{2-1}):主要位于二叠系上石盒子组的底部,岩性为灰白色中粗粒砂岩。含水层厚0～45m。单位涌水量q为0.000 354～0.45L/(s·m),渗透系数K为0.005 7～3.68m/d。水化学类型为$HCO_3·SO_4$-$Ca·Mg$型,矿化度小于1g/L,该含水层属于裂隙承压弱含水层,但在局部呈中等富水。

(2)上石盒子组下段(K_5)砂岩含水层(H_{2-2}):岩性以灰绿色砂岩为主,底部有一层10～20m的中粗粒砂岩,其下往往含砾石,层位稳定,斜层理发育,含水性相对较强。发育于该含水层的泉水流量一般为0.1～0.2L/s,水化学类型为HCO_3-$Na(Na·Ca)$型,矿化度介于0.3～0.6g/L之间,单位涌水量为0.000 35～0.443L/(s·m),平均值为0.196L/(s·m),渗透系数K为0.005 7～3.68m/d。含水层富水性属中等类型。

(3)下石盒子组底部砂岩含水层(H_{2-3}):主要位于二叠系下石盒子组的底部,岩性为浅灰色—灰白色、灰色中粒砂岩,局部相变为细粒或粗粒砂岩,泥质、钙质胶结,裂隙不甚发育,透水性较弱,含水层厚度较大,为直接充水含水层;次为下石盒子组的上部中粒砂岩含水层,厚12.0~33.0m,平均值为19.75m。单位涌水量 q 为 0.000 84~0.825L/(s·m),平均渗透系数 K 为 0.004 43~0.41m/d。水化学类型为 $HCO_3·SO_4-Ca·Mg$ 型,矿化度在0.62g/L左右。该含水层属于裂隙承压弱含水层。

3)含煤岩系砂岩(灰岩)裂隙承压含水层组

该含水层组由一套海陆交互相沉积地层组成。下部以石英砂岩、砂砾岩为主,间夹粉砂岩、泥岩;中部由石英砂岩、粉砂岩、石灰岩和煤层组成;上部以砂岩为主,粉砂岩、砂质泥岩次之。

(1)山西组顶部砂岩含水层(H_{3-1}):为 $2^\#$ 煤顶板,岩性以浅灰色、灰白色中—细粒砂岩,含有大量的植物化石,全区稳定,底部为"油毛毡"砂岩。含水层厚5~29m,单位涌水量 q 为 0.000 084~0.36L/(s·m),单位涌水量平均值为 0.042 4L/(s·m),渗透系数 K 平均值为 0.090 8m/d,在 $2^\#$ 煤可采区范围内富水性中等,其余地区富水性弱。

(2)山西组中部砂岩含水层(H_{3-2}):为 $3^\#$ 煤砂岩顶板,岩性为细砂岩、中砂岩和粗砂岩,以细砂岩为主,含灰色云母砂岩。混合抽(注)水试验计算的含水层单位涌水量 q 为 0.000 084~0.36L/(s·m),平均值为 0.031 6L/(s·m),渗透系数 K 为 0.000 343~0.487m/d,平均值为 0.062 5m/d,富水性弱。

(3)山西组底部(K_4)砂岩含水层(H_{3-3}):该组为 $5^\#$ 煤顶板,含水层厚5~35m,单位涌水量 q 为 0.000 032~0.387L/(s·m),渗透系数 K 为 0.000 34~0.487m/d。水化学类型为 $HCO_3·SO_4-Na·Mg$ 型,承压水头高 0.36~159.47m 不等,矿化度 0.62~0.85g/L。该含水层属于裂隙承压弱含水层。

(4)太原组(K_3)砂岩含水层(H_{3-4}):位于太原组上部 $5^\#$ 煤底板,浅灰色中厚层状石英砂岩,硅质胶结,厚0~16m,其分布及厚度比较稳定,富水性较弱。

(5)太原组(K_2)灰岩含水层(H_{3-5}):位于 $11^\#$ 煤层底板,深灰—灰黑色中厚层致密坚硬石灰岩,在局部相变为石英砂岩,厚0~38m。K_2 灰岩一般为2~3个分层,属裂隙承压水。一般涌水量不大,井下出水点多小于 1.0m³/h,钻孔抽水多为两组混合试验,单位涌水量 q 为 0.000 052~0.082 1L/(s·m),渗透系数 K 为 0.000 21~1.18m/d,静水位标高在 442.15~557.66m 之间,承压水头高 0.36~32.60m。该含水层属于承压弱含水层。水化学类型为 $HCO_3·SO_4-Na·Ca$ 型,矿化度多在 0.7~1g/L 之间,深部水化学类型为 $SO_4-Ca·Mg$ 型,矿化度 3.5~3.7g/L,其中 SO_4^{2-} 含量高达 2g/L,可能是老窑水补给所致。

(6)本溪组石英砂、砾岩含水层(H_{3-6}):本溪组岩性主要为灰色团块具鲕状结构的黏土岩、灰色泥岩、砂质泥岩及灰色石英砂岩、砂砾岩。因此,本溪组石英砂岩、砾岩含水层仅在局部分布。该含水层岩性为浅灰白色砾岩和石英砂岩,厚度0~20m,在象山井田测得单位涌水量 q 为 0.006 9~0.154L/(s·m),平均单位涌水量 0.030 5L/(s·m),渗透系数 K 为 0.001 25~0.522m/d,平均值为 0.12m/d。水化学类型为 $HCO_3·SO_4-Na·Ca$ 型。矿化度多在 0.7~1.0g/L 之间,富水性相对较强。

4)煤系基底碳酸盐岩溶裂隙承压含水层组

奥陶系碳酸盐岩地层是一个以灰岩、白云岩为主的复合含水体,在区域上具有相对稳定的水位380m。地层总厚410～520m,自上而下分为马家沟组六段、马家沟组五段、马家沟组四组、马家沟组三组、马家沟组二段和马家沟组一段及冶里组—亮甲山组。其中马家沟组六段相当于华北地区的峰峰组,峰峰组可分为峰峰组二段和峰峰组一段,峰峰组二段为强含水层(H_{4-1});马家沟组五段和四段为华北地区的上马家沟组,其中包含上马家沟组三段岩溶弱含水层(H_{4-2})和上马家沟组二段岩溶裂隙强含水层(H_{4-3});马家沟组三段、二段和一段为华北地区的下马家沟组,其中包含下马家沟组二段岩溶裂隙含水层(H_{4-4});冶里组—亮甲山组为弱含水层(H_{4-5})(表2.3)。

表2.3　鄂尔多斯盆地东南部奥陶系划分表

地层		油田分类		煤田分类
系	统	组	段	
奥陶系	上统	背锅山组(缺失)		
		平凉组(缺失)		
	中统	马家沟组	马家沟组六段	峰峰组
			马家沟组五段	上马家沟组
			马家沟组四段	
			马家沟组三段	下马家沟组
			马家沟组二段	
			马家沟组一段	
	下统	亮甲山组		
		冶里组		

(1)峰峰组二段岩溶裂隙强含水层(H_{4-1}):主要分布于矿区北部,为深灰色隐晶质石灰岩,厚层状,顶部为厚0.5m的豹皮状灰岩。灰岩成分较纯,其中方解石含量80%～90%,白云石含量4%～15%,硬石膏含量1%～5%,含有生物碎屑。此段灰岩不仅裂隙发育,而且小溶洞很多,富水性和透水性相对较强。桑树坪矿几次大的灰岩突水,均源于此层。该层层厚0～48m,单位涌水量q为0.000 15～28.5L/(s·m),富水性强且极不均一。

(2)上马家沟组三段岩溶裂隙弱含水层(H_{4-2}):在全区分布。该段为灰色—深灰色厚层状白云岩与灰岩互层,中夹多层灰黄色薄层泥灰岩,为弱含水层,厚25～74m,单位涌水量q为0～0.187L/(s·m),渗透系数K为0.000 1～0.307m/d。该地层主要出露在马家沟拐弯处。

(3)上马家沟组二段岩溶裂隙强含水层(H_{4-3}):在矿区广泛分布,层位稳定,厚度70～120m,被称为"百米白云岩段"。岩性为深灰色厚层—中厚层状白云岩,糖粒状结构,质纯、致密坚硬,层理明显,节理裂隙发育,含较多方解石,顶部薄层状,中、细晶质结构,质地均一,顶底部含泥质,层面裂隙、垂直裂隙、溶孔及溶洞发育。水化学类型为$SO_4·HCO_3$-$Ca·Mg$型。根据潘文勇等(1992),该段岩层裂隙率达10.23%,单位涌水量q为0.006 8～61.61L/(s·m),

注水孔单位吸水量 0.000 79~0.880 7L/(min·m²),平均值为 0.21L/(min·m²)。在构造发育地段富水性强,在构造不发育地段富水性相对较弱,富水性具不均一性。水利部黄河水利委员会曾在桑树坪甘柴坡地区、黄河西岸打 19 个钻孔,对奥灰岩进行分段压水试验,证明白云岩段单位吸水量较大,为 0.3L/(min·m²),属于中等透水岩层—较弱透水性岩层之间。据下峪口井田 345 号钻孔抽水试验资料,该段含水层单位涌水量 q 为 0.94~1.0L/(s·m)。桑树坪井田 112 号钻孔钻进灰岩 183.09m,资料显示,100m 以上岩溶不发育,100m 以下岩溶发育,冲洗液全部漏失(约 3L/s),渗透系数 K 为 9.14~9.95m/d,属含水性极不均匀的岩溶裂隙强含水层。

(4)下马家沟组二段岩溶裂隙含水层(H_{4-4}):上部为深灰色厚层状或块状灰岩,局部为豹皮状灰岩与浅黄色灰岩呈不等厚互层,下部为黑色厚层状灰岩,夹一层角砾状灰岩。厚 49~68m,为岩溶裂隙中等富水含水层。在马鞍桥沟的北侧有出露。

(5)冶里组—亮甲山组岩溶裂隙弱含水层(H_{4-5}):主要为燧石条带白云岩,巨厚层状,质地不均,致密坚硬,垂直裂隙发育,被方解石充填,可见缝合线,溶蚀裂隙及小溶洞、溶孔发育。厚 0~57m,为岩溶裂隙弱含水层。

2.3.1.2 隔水层划分

隔水层的划分是对应于含水层而确定的,主要依据地层岩性,并参考抽水试验成果,共划分为 4 个隔水层段,即松散岩类粉砂土、亚黏土隔水层段,煤系覆岩泥岩、砂质泥岩隔水层段,含煤岩系泥岩、粉砂岩隔水层段与煤系基底碳酸盐岩隔水层段(表 2.4)。每个层段根据具体情况又划分成若干个单独的隔水层。

表 2.4 韩城矿区隔水层划分表

代号	隔水层段名称	隔水层层数	代号	隔水层描述
G_1	松散岩类粉砂土、亚黏土隔水层段	4	G_{1-1}	第四系粉砂土、亚黏土互层
			G_{1-2}	第四系细砂与亚黏土互层
			G_{1-3}	第四系亚黏土与粉砂、细砂互层
			G_{1-4}	第四系亚黏土层
G_2	煤系覆岩泥岩、砂质泥岩隔水层段	4	G_{2-1}	孙家沟组砂岩与泥岩、粉砂岩互层段
			G_{2-2}	上石盒子组砂岩与粉砂岩、泥岩、砂质泥岩互层段
			G_{2-3}	下石盒子组顶部砂质泥岩及砂质泥岩与粉砂岩互层段
			G_{2-4}	下石盒子组中下部砂质泥岩与细砂段
G_3	含煤岩系泥岩、粉砂岩隔水层段	4	G_{3-1}	山西组顶部煤层、泥岩、粉砂岩段
			G_{3-2}	山西组中部煤层、泥岩、粉砂岩段
			G_{3-3}	太原组上部(K_2之上)粉砂岩、泥岩、砂质泥岩段
			G_{3-4}	太原组底部粉砂岩、泥岩、铝质泥岩段

续表2.4

代号	隔水层段名称	隔水层层数	代号	隔水层描述
G_4	煤系基底碳酸盐岩隔水层段	4	G_{4-1}	峰峰组一段薄—中厚层泥灰岩、角砾状泥灰岩和泥质灰岩隔水层
			G_{4-2}	上马家沟组一段泥灰岩、泥质白云岩相对隔水层
			G_{4-3}	下马家沟组三段灰岩与泥质白云岩相对隔水层
			G_{4-4}	下马家沟组一段泥灰岩相对隔水层

1)松散岩类粉砂土、亚黏土隔水层段(G_1)

(1)第四系粉砂土、亚黏土隔水层(G_{1-1}):位于第四系的顶部,主要由一层平均厚约4.5m的褐黄色亚黏土和平均厚约28.9m的黄褐色粉砂互层组成。亚黏土含钙质结核。

(2)第四系细砂与亚黏土隔水层(G_{1-2}):位于第四系的中上部,主要由一层平均厚约7.8m的细砂和平均厚约5.2m的含铁锈斑点的黄褐色亚黏土互层组成。

(3)第四系亚黏土与粉砂、细砂隔水层(G_{1-3}):位于第四系的中下部,由平均厚约7.7m的深灰色、含云母的中密亚黏土和平均厚约5.6m的以黄褐色为主的粉砂、细砂组成。

(4)第四系亚黏土隔水层(G_{1-4}):位于第四系的底部,为一层灰褐色、含钙质斑点、致密坚硬的亚黏土,平均厚约9.5m。

2)煤系覆岩泥岩、砂质泥岩隔水层段(G_2)

(1)孙家沟组隔水层(G_{2-1}):由灰白色中厚层状砂岩、杂紫色泥岩、粉砂岩、砂泥岩互层组成,平均厚约205m。

(2)上石盒子组隔水层(G_{2-2}):由上石盒子组底部之上地层构成。岩性为灰白色或灰绿色中厚层状中细粒砂岩与灰紫色、灰黄色粉砂岩、砂质泥岩、泥岩互层,平均厚约295m。

(3)下石盒子组顶部隔水层(G_{2-3}):位于下石盒子组顶部。岩性为灰色砂质泥岩,中部主要为砂质泥岩与粉砂岩互层,并夹有多层细粒砂岩,平均厚约7.0m。

(4)下石盒子组中下部隔水层(G_{2-4}):位于下石盒子组中下部位。岩性为灰色、深灰色砂质泥岩夹灰色、灰白色细粒砂岩,平均厚约24.0m。

3)含煤岩系泥岩、粉砂岩隔水层段(G_3)

(1)山西组顶部隔水层(G_{3-1}):位于山西组$2^\#$煤层老顶之上至下石盒子组底界。岩性由细粒砂岩、粉砂岩、泥岩及$1^\#$、$1^{\#上}$煤层组成,平均厚约10.3m。

(2)山西组中部隔水层(G_{3-2}):位于$3^\#$煤层老顶之上与$2^\#$煤层老顶之下。岩性由细粒砂岩、粉砂岩、$2^\#$煤层、砂质泥岩等组成,平均厚约14.0m。

(3)太原组上部隔水层(G_{3-3}):位于K_2灰岩之上。岩性为深灰色粉砂岩、砂质泥岩、泥质粉砂岩,中间夹有煤线,平均厚约26.5m。

(4)太原组底部隔水层(G_{3-4}):位于K_2灰岩之下。岩性为粉砂岩、泥岩、铝质泥岩及石英砂岩,平均厚约19m。

4)煤系基底碳酸盐岩隔水层段(G_4)

(1)峰峰组一段相对隔水层(G_{4-1}):位于奥陶系灰岩顶部,在峰峰组二段缺失地段与煤系地层为平行不整合接触,厚48～73m。岩性为土黄色、黄灰色薄层状泥灰岩、青灰色泥质灰岩,夹深灰色厚层灰岩及角砾状灰岩。多呈薄层状,相互成层,裂隙不发育,裂隙率为1%,且多被充填,透水性弱。

(2)上马家沟组一段相对隔水层(G_{4-2}):岩性为深灰色白云岩与黑色泥质岩,在层中间夹有灰褐色泥岩条带,下部有黄色泥灰岩、白云岩,具有页理构造。据马沟渠煤矿北一采区水文地质补充勘探注水试验,单位吸水量0.000 024 7～0.200 0L/(min·m^2)[其中0.200 0L/(min·m^2)只见于516孔第三注水段],平均单位吸水量0.010 5L/(min·m^2),一般0.000 17～0.007 9L/(min·m^2)。该段岩芯完整,裂隙不发育,循环液消耗不大,为0.2～0.5m^3/h,孔内水位稳定,为相对隔水层。

(3)下马家沟组三段相对隔水层(G_{4-3}):岩性为豹皮状灰岩与泥质白云岩,在层中间夹有灰黄色泥质白云岩,厚20～28m。

(4)下马家沟组一段相对隔水层(G_{4-4}):岩性为土黄色泥灰岩夹有薄层状泥质白云岩,厚13～23m。据龙门坝址压水试验,单位吸水量小于0.01L/(min·m^2)的次数占压水试验总数的53.2%。因此该层可视为相对隔水层。

2.3.2 地下水补径排条件

研究区地下水的补给、径流和排泄条件受控于地形地貌、地质构造和地层产状,研究区经历了多期构造运动,地下水的补径排条件受构造控制明显。

2.3.2.1 补给条件

1)大气降水入渗补给

大气降水在含水层露头处入渗补给地下水。区内黄土覆盖厚度较大且分布面积广,加之地形复杂、地表径流条件好,大气降水仅在基岩露头与裂隙发育段有一些补给,其余地段渗透补给有限。

第四系松散岩类孔隙水以接受大气降水补给为主,其次在与北部山区接触带接受基岩含水层的侧向补给。

煤系覆岩裂隙承压含水层与含煤岩系基岩裂隙承压含水层主要接受大气降水入渗补给,并通过节理裂隙补给地下水,但全区降水量小,补给有限。

奥陶系碳酸盐岩岩溶含水层在露头处接受大气降水入渗补给,同样由于本区降水量小,且山高谷深,降水多以地表径流的形式汇聚到沟谷。

2)地表水的渗漏补给

凿开河、盘河、涺水河在上游切割含煤岩系及其覆岩含水层,在下游切割奥灰含水层,因此,含煤岩系及其覆岩含水层和奥灰含水层均可接受河流渗漏补给(丰水期)。据水位观测资料,矿区北部桑树坪煤矿奥灰水与黄河水位不仅动态一致,而且水位近似相等,说明黄河在高水位期补给奥灰水。黄河、凿开河、盘河和涺水河在流经奥灰岩地段时,有明显的水量漏失,为区内奥灰水的主要补给途径之一。根据多次河流测流资料,澽水河的渗漏补给量为 $0.270\ 4\mathrm{m}^3/\mathrm{s}$,盘河的渗漏补给量为 $0.057\mathrm{m}^3/\mathrm{s}$。根据潘文勇等(1992),河流渗漏补给奥灰含水层总量约为 $1000\mathrm{m}^3/\mathrm{h}$。

3)含水层的相互补给

在垂直方向上,由于含、隔水层相间分布,除研究区东南边浅部地层倾角较陡外,其余地段地层倾角较平缓,煤层埋藏深度较大,在无明显断裂构造影响或人为超采地下水的条件下,各含水层间水力联系微弱。在水平方向上,矿区内部的含水层接受矿区外部含水层的侧向补给,在断层发育地段可能造成不同层位的含水层在水平方向上对接,从而使得不同层位的含水层或发生水力联系或水力联系被阻断。

2.3.2.2　地下水的径流

径流条件主要通过研究区地下水流场图来分析,采用不同时期地下水的水位监测数据绘制流场图。由于水位监测数据主要集中在矿区东南部煤矿和城镇分布区,因此,为了保证流场图的准确性,将其平面范围缩小,北部和西部的深部预测区未包含在内。在时间上将流场分为煤矿未大规模开发的 20 世纪 80 年代前后和煤矿高强度开采的 2010 年前后两个阶段。主要对上部含水层组(煤系及其上部基岩裂隙含水层)和奥灰含水层的流场进行分析。

1)上部含水层组

理论上,在天然条件下,上部含水层组地下水的径流条件较差,在矿区东南边浅部总体沿地层倾斜方向、岩层面延伸或裂隙展布方向向深部径流,随着含水层埋深的增加,由强烈交替带变为缓慢交替带,以至变为交替停滞带。而后地下水沿岩层走向,由河谷间分水岭向谷地运动,遇到河谷侵蚀区,向河谷排泄。

(1)太原组含水层。太原组含水层是煤层开采的直接充水含水层。从图 2.10 可以看出,20 世纪 80 年代已经在南区形成了地下水降落漏斗,天然流场已经发生较大改变。地下水整体从矿区的东北部向西南部运动,补给区的水位标高约 455m,矿区西南部水位约 400m。从图 2.11 可以看出,2010 年的地下水流场与 20 世纪 80 年代的地下水流场差别很大,地下水水位普遍下降,北区和南区由于煤矿疏排水,尤其是桑树坪井田和象山井田,水位降幅达 60m。地下水整体从矿区中部向南部和北部的漏斗中心径流。

(2)山西组和下石盒子组含水层。山西组和下石盒子组含水层也是煤层开采的直接充水含水层。从图 2.12 可以看出,20 世纪 80 年代山西组和下石盒子组含水岩组地下水水位整体是中部高,北区和南区低,在桑树坪井田和象山井田(马沟渠井田)分别形成了小范围的水位降落漏斗,主要因为桑树坪井田和象山井田(马沟渠井田)开采历史较早,早期的矿井疏排水导致地下水水位下降。随着韩城电厂抽水量的增大(1987—2010 年),南区水位降幅和范围均增大,北区由于煤矿涌(突)水,水位降落漏斗也扩大,整体上南区水位降幅强于北区,分水岭从中部向北区偏移(图 2.13)。

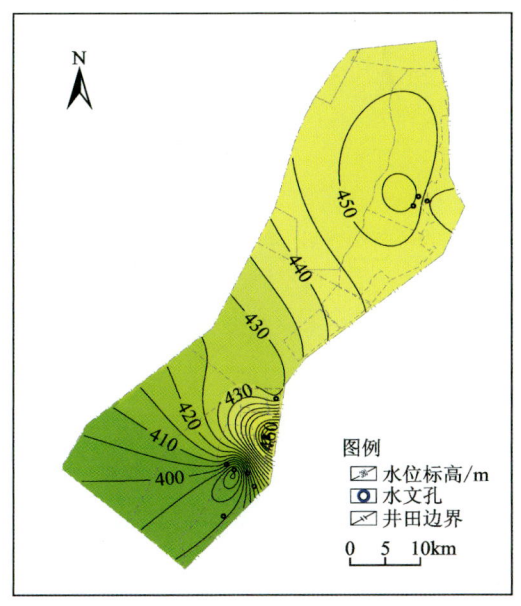

图 2.10　20 世纪 80 年代太原组含水层地下水流场

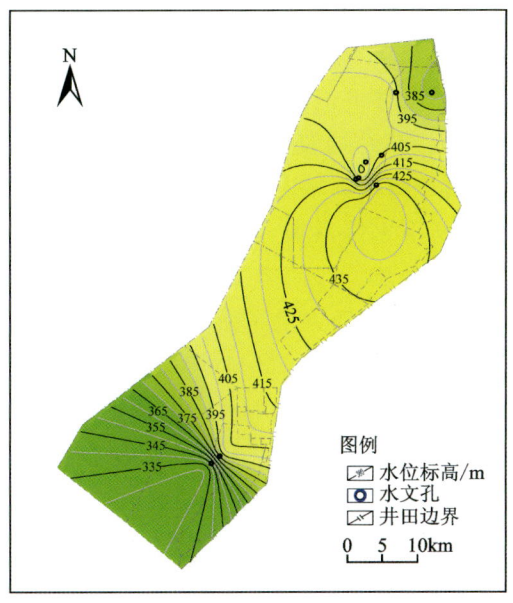

图 2.11　2010 年太原组含水层地下水流场

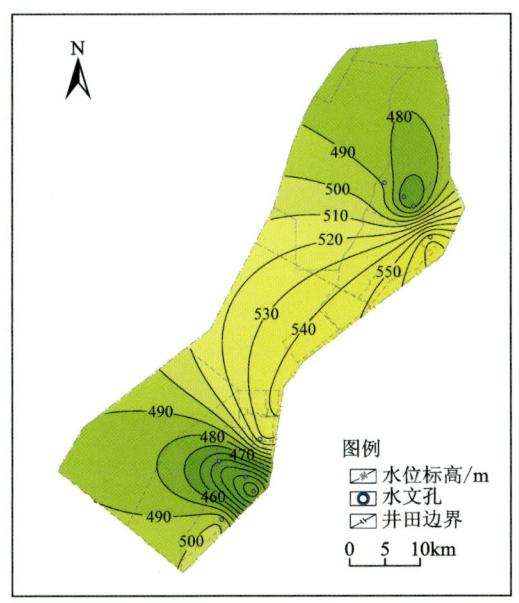

图 2.12　20 世纪 80 年代山西组和下石盒子
组含水岩组地下水流场

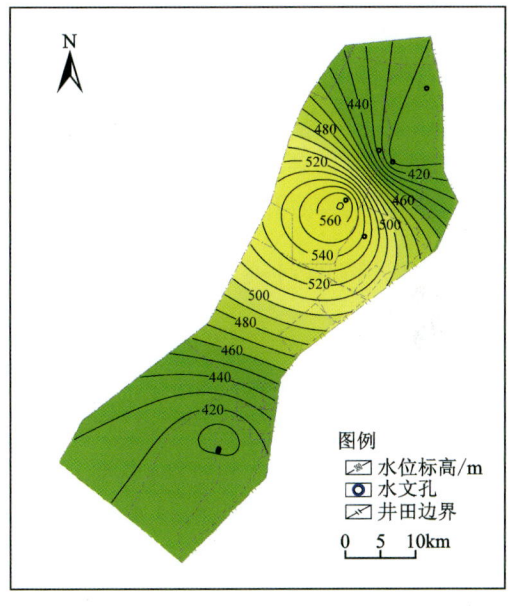

图 2.13　2010 年山西组和下石盒子
组含水岩组地下水流场

（3）上石盒子组含水层。上石盒子组含水层是煤层开采的间接充水含水层，其水位监测数据较少，无法划分成两个阶段，因此仅有一幅流场图。从图 2.14 可以看出，上石盒子组水位高于下伏含水层，且采矿对其流场扰动相比于下石盒子组、山西组和太原组要小，整体上矿区东南部水位高，西北部水位低，地下水从东南向西北径流。北区和南区煤矿的开采，使得北区和南区局部形成了地下水降落漏斗，南区叠加了煤矿排水和电厂抽水，所以水位降幅较大，而北区水位降深较小,未形成闭合的降落漏斗。

2) 奥灰含水层

天然条件下,奥灰含水层顺岩层走向由西向东径流,在经过较长时间(1979—2010年)开发后,由于南区韩城电厂的大规模抽采,在南区形成了地下水降落漏斗,奥灰水从漏斗四周向漏斗中心径流。2010年,由于南区韩城电厂关闭,南部奥灰水结束了高强度开采阶段,但水位降落漏斗仍然存在。2011年禹昌煤矿"8·7"突水事故后,北区奥灰水水位大幅下降,形成了以禹昌煤矿为中心的地下水水位降落漏斗,奥灰水从漏斗四周向漏斗中心径流。

2.3.2.3 地下水的排泄

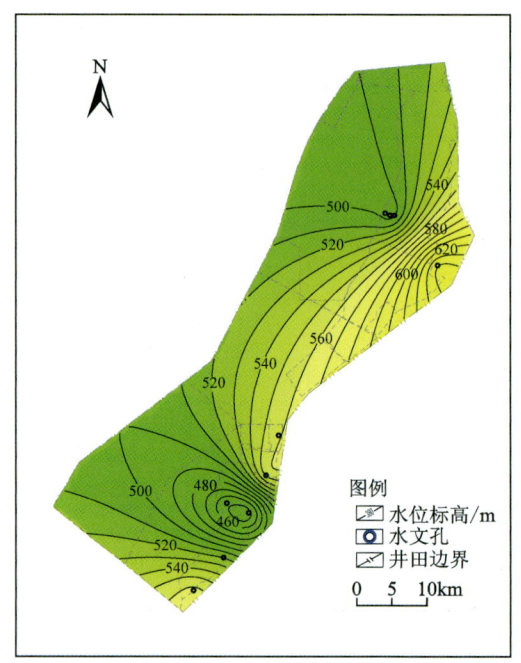

图2.14 上石盒子组含水层地下水流场

在人为开采和扰动较小的条件下,研究区基岩裂隙水和岩溶水以向河谷排泄为主。奥灰水水位为+380m左右,地面高程为+400m以上,区内无明显奥灰水排泄口。受黄河侵蚀基准面控制,奥灰水的天然流场由西向东向黄河谷地排泄,与地面潜水排泄方向一致。

在超采和煤矿高强度疏排水条件下,形成了以集中抽、排点为中心的地下水水位降落漏斗,基岩裂隙水由向河谷排泄转变为以人工排泄为主。

2.3.3 构造对奥灰水的控制

一级伸展断裂一般切割深,间距宽,破碎带影响范围大,胶结差,现代构造活动较强,与传递断层相互组合,形成了长矩形的一级断裂网络,控制着地下水水文地质单元边界和区域径流方向,构成了主干导(赋)水通道。但由于彼此多近于平行,它们之间的水力联系一般较困难。二、三级断裂张开性好,产状多变,不仅连通了部分高级导水通道,而且也连通了同级次间的水文通道,尤其 NW 向的传递断层,它们不仅本身透水性能好,而且又沟通了那些产状近一致的各级导、赋水断裂的水力联系,从而形成了平面径流网络;同时,因二、三级断裂的断距适度,张开性好,故可沟通不同层位的径流网络,实现了垂向联网,这样就形成了区域的三维控水网络。四、五级结构面的优势走向与高级结构面一致的同时,又复杂多变,其断距不大,但频率高,分布范围广,发育的层位多变,彼此相互组合形成了极其复杂的网络结构,充填于高级网络的网眼及部分网节上,从垂向和横向上全方位地联系着各级控水构造。它们极易溶蚀形成溶隙、溶洞等,又常常与各级导水或储水通道相通,且与区域导水网络连通,使其具有充足的水源补给;另外,在井巷及工作面上,它们最易被揭穿,因此,四、五级结构面对矿井涌(突)水更具有控制作用。

据统计,本区矿井涌水点大都与四、五级结构面密切相关,但不同性质的裂隙具有不同的控水意义。对于风化、卸荷等非构造成因的裂隙,它们常常汇集地表水的补给;而对于构造成因的裂隙,只有那些一端或两端都与区域导水网络相通,彼此之间又直接或间接沟通的裂隙组,尤其是区域性裂隙,才有可能形成良好的导水构造单元。各单元彼此相连充填于高级网络的网眼之中,并通过断裂网络实现区域性的三维联网。而对于那些不能与导水网络相通,或者即便相通但裂隙之间不能彼此相通者,也都不会有太大的控水意义。不仅裂隙如此,而且各级断裂,尤其是三、四级断裂亦如此。这是因为高级次断裂之间的水力联系都是在低级次构造网络下实现的。

由此可见,区内一、二、三级伸展断裂相互交织,形成了区域含水、导水构造网络格架,而四、五级断裂构造则与区域导水网络相连通,并充填于网眼或网结中,形成了一个级级相通的立体控水网络系统(陈昌彦等,1996)。

2.3.3.1 构造对岩溶发育期的控制

1) 第Ⅰ岩溶期(古岩溶期)

在奥陶纪末—中石炭纪初,加里东运动褶皱上升,使岩石遭受强烈的剥蚀溶蚀。在当时地表以下约30m深度产生了溶洞和溶隙,并被铝土泥岩所充填,顶面为残留的硅质岩块、粉红色黄褐色疙瘩状钙锰质物质。大致沿NE60°和NW30°两组高倾角裂隙发育,形成宽窄不一溶槽式扁平状漏斗组成的风化壳。

中石炭世始,地壳下沉接受沉积,结束了近亿年的第一岩溶化时期。

2) 第Ⅱ岩溶期(古岩溶晚期)

在中三叠—古近纪,燕山运动以褶皱断裂为主、祁-吕-贺"山"字形构造定型、渭河地堑相继下陷,排泄基准面急剧改变。"山"字形前弧东翼以北东向断裂为主,形成了良好的导水通道,成为岩溶发育的主要控制因素,尤其东部澄城、合阳、白水一带更为发育。岩溶发育深度在禹门口一带约在黄河水面以下230m(相当于高程150m),晶洞、溶孔为针状石膏、方解石晶簇等次生矿物充填。

本期岩溶化时期近1.7亿年,是本区岩溶发育史中最重要的一期。

3) 第Ⅲ岩溶期(现代岩溶期)

第四纪以来,受喜马拉雅运动控制,现代地表水系相继发育,构成现代排水系统,盆地中沉积了巨厚的第四纪松散地层。地壳持续上升,强烈的剥蚀、侵蚀和岩溶作用进一步发育。二叠纪以来各次地壳运动所形成的断裂、裂隙都成为本期岩溶发育的良好条件。在河谷地区,大致与各级阶地相当的高程上(4~5级阶地),沿层面或裂隙发育的口大肚小的溶洞皆是本期产物。

本期为最新的岩溶期,不仅发育了新岩溶,而且进一步重复和扩展了古岩溶(主要是晚古岩溶),形成了现代地下水水位下60~100m内岩溶发育带,东部相当于标高280(?)~300m,西部相当于450~560m,各地不一,形成地下水富集带(中国地质学会岩溶地质专业委员会,1982)。

2.3.3.2 构造对水文地质边界的控制

矿区东南侧F_2逆断层为阻水断层,但分布不连续,F_1为弱透水正断层,其上盘为太古宇、古生界基岩含水层,下盘为厚上千米的上新统泥岩及第四系松散沉积物;矿区东北侧为黄河河谷,合阳以东黄土覆盖的灰岩地区亦被黄河切割,向北在甘泽坡至禹门口段,切割灰岩约7km(侯光才等,2008),继续向北奥灰岩层埋藏于地下,黄河与矿区内含水层互为补排关系;矿区北侧和西侧为人为划定边界,与构造的关系尚不清楚,一般认为其为地下水深埋区和滞流区;矿区西南侧以徐水沟附近的爱贴村逆断层组作为阻水边界。

2.3.3.3 构造对含水层空间展布的控制

受燕山期逆冲推覆构造形成的倒转背斜控制,奥灰含水层呈北东向展布,倾向北西,在研究区东南缘出露,向西北逐渐深埋于煤系地层之下。在北东方向上,受浕水河、寺庄河、盘河、凿开河河谷切割,含水层完整性受到破坏。

2.3.3.4 构造对地下水补径排条件的控制

1)构造对补给条件的控制

受多期构造运动控制,研究区断裂构造发育,不仅有利于岩溶发育,还为地下水运动提供了通道。受燕山期逆冲推覆构造形成的倒转背斜控制,矿区东南侧奥陶系灰岩出露,为大气降水入渗提供了条件,但由于区内地势山高谷深,降水多以地表径流的形式排泄到沟谷,降水入渗量有限;而多条河流逆岩层倾向切割奥灰含水层,为河流渗漏补给地下水提供了良好的通道,河流渗漏是区内奥灰水的主要补给源。

2)构造对径流条件的控制

区内基岩整体向北西倾斜,东南边浅部局部地层直立甚至倒转,且裂隙发育,但随着埋深的增大,裂隙发育程度减弱。因此,地下水的交替作用一般只发生在有限的深度内。地下水在露头处接受补给后,开始快速(水力梯度大)沿地层倾向往低处径流,到达饱水带后,由于岩层倾角变缓,继续向深部运动较为困难,于是转为沿岩层走向运动,直至被河流、沟谷或断层切割而排泄。区内优势构造方向为NE(F_1断层),其次为NW向和EW向。因此,区内地层走向、优势构造方向和侵蚀基准面所在的方向均为NE向,矿区东南边浅部的NE向裂隙带成为了强径流带。韩城电厂群孔抽水试验也证明水位降落漏斗沿F_1断层呈北东向展布,F_1断层走向为主要来水方向。

3)构造对排泄条件的控制

黄河河谷不仅是研究区奥灰水的排泄区,也是区域上奥灰水的排泄区。而区内的浕水河、寺庄河、盘河和凿开河也可作为局部奥灰水流系统的排泄区,河间的奥灰含水层在接受大气降水入渗补给后顺地层倾向或沿裂隙带径流,然后向这几条河谷排泄,形成局部的奥灰水流系统。

综上所述,研究区地质构造一方面为岩溶发育提供了良好的基础,另一方面奥灰含水层的空间展布、边界条件、补径排条件均受构造控制明显。

3 奥灰水水位动态特征及其影响因素

奥灰水水质优良,水量丰富,既是韩城矿区生产和生活的重要水源,也是下组煤开采的充水水源。在长期开采条件下,奥灰水的补径排条件发生了巨大变化,导致流场变化,进而引发奥灰水水质咸化,严重制约了矿区工农业的发展。通过对从煤矿开采初期到大规模开发的近50年奥灰水水位动态变化特征的分析,识别影响水位动态变化的因素,掌握其规律,并对未来奥灰水水位动态变化趋势进行预测,以期为矿井奥灰水水害防治和奥灰水资源保护提供理论支撑。

通过以上对韩城矿区水文地质条件的分析可知,奥灰水水位动态受大气降水、河流(水库)渗漏、侧向补给、人为开采等因素控制。本章基于韩城矿区现有的奥灰水水位监测数据、黄河水位监测数据、矿井涌(突)水量台账、韩城电厂抽水量,并参考韩城矿区以往的研究报告、公开发表文献中的数据,利用 SPSS(Statistical Package for the Social Sciences)对奥灰水水位动态特征及其影响因素进行相关性分析,再利用灰色关联法计算各影响因素的关联系数,并拟合奥灰水水位动态变化函数。

韩城矿区奥灰水水位影响因素主要可分为自然因素(降水量、蒸发量、黄河水位及河流补给量、排泄量)和人为因素[韩城电厂抽水、大型抽水试验、矿井涌(突)水],本章节主要通过这几种因素对奥灰水水位的影响进行分析。由于韩城矿区开采条件复杂,灾害治理成本高,企业经济效益不佳,技术条件和管理水平相对落后,环境保护意识不足,过去对奥灰水以"堵"和"排"为主,而对"防"和"监"不够重视,因此,奥灰水水位动态监测点位较少,且时序不完整,本次能够利用的水位监测数据有限,大部分数据为1992年前工业试验的监测数据和2010年后的监测井数据,仅桑树坪煤矿皮带斜井和象山煤矿沟外排矸井监测数据较完整。

3.1 奥灰水水位动态特征

3.1.1 奥灰水开发利用

(1)1975年1月—1979年2月:自1975年起,矿区东南边浅部在开采11#煤的过程中,引发过奥灰涌(突)水事故,造成局部水位下降。

(2)1979年3月—1982年2月:自1979年3月起,韩城电厂开始运营,电厂抽水井群开始抽水,该时段内抽水量约700m³/h;煤矿井下奥灰供水系统开始供水,但总体抽水量较小。

(3)1982年3月—2010年12月:随着韩城市的经济发展和各矿井生产需水量的增加,对水资源的需求日益增长,韩城电厂抽水量增大,约1400 m³/h,直至2010年韩城电厂关闭。北区建立多个奥灰水源井,供生产和生活使用。该阶段是韩城矿区南区大量超采地下水阶段,对奥灰水流场影响深远。

(4)2011年1月—2022年1月:该阶段南区韩城电厂关闭,且南区所有的奥灰突水点基本已封堵,因此2011年之后南区无大型奥灰水开采区;北区2011年8月7日禹昌煤矿发生特大奥灰突水事故(最大突水量12 000 m³/h,平均突水量6580 m³/h,),且桑树坪煤矿存在多个奥灰永久涌水点,因此导致北区水位大幅下降。该阶段是韩城矿区北区大量疏排和开采奥灰水的阶段,对奥灰水有一定影响。

3.1.2 奥灰水水位动态分析

韩城矿区奥灰水水位动态是各种自然及人为因素综合作用的结果,它既能反映气象、水文等因素对奥灰水的影响,也能反映岩溶水系统固有的水文地质特征。韩城矿区奥灰水水位长期观测点22个,包括韩城电厂水源地观测井、马沟渠煤矿轨道上山、象山煤矿沟外排矸井、桑树坪煤矿皮带斜井、47钻孔、201钻孔、41钻孔、43钻孔、S钻孔、112钻孔、123钻孔、13钻孔、314钻孔、112钻孔、76钻孔、125钻孔、X3钻孔、XF1钻孔、XF2钻孔、XF3钻孔、旧43钻孔、63钻孔。其中,前4个奥灰水水位观测点为以往的奥灰突水点改为水位观测点,时间序列较长;后18个为钻孔中观测的奥灰水水位,时间序列较短。韩城矿区奥灰水水位长期观测孔分布图见图3.1。

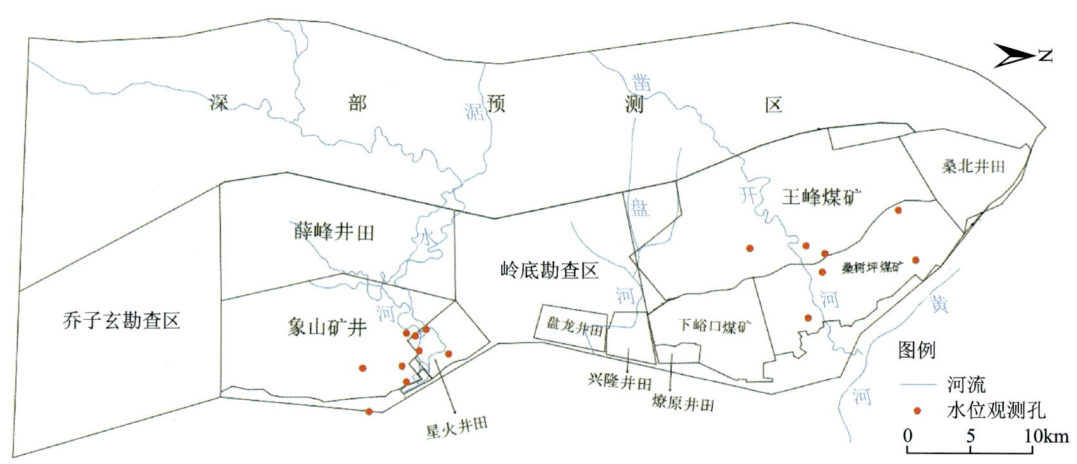

图3.1 韩城矿区奥灰水水位长期观测孔分布图

利用时间序列较长、数据质量较好的4个奥灰水水位长期观测点(韩城电厂水源地观测井、马沟渠煤矿轨道上山、象山煤矿沟外排矸井、桑树坪煤矿皮带斜井),绘制韩城矿区奥灰水多年动态变化曲线(图3.2),采用韩城市龙门镇马王庙水文站的黄河水位监测数据绘制黄河水位动态曲线。矿区仅1977—1992年的观测数据比较完整。

从图3.2可以看出,研究区北区桑树坪煤矿皮带斜井与南区(韩城电厂水源地观测井、马沟渠煤矿轨道上山、象山煤矿沟外排矸井)水位动态特征差异较大。矿区北部在1977年经历

3　奥灰水水位动态特征及其影响因素

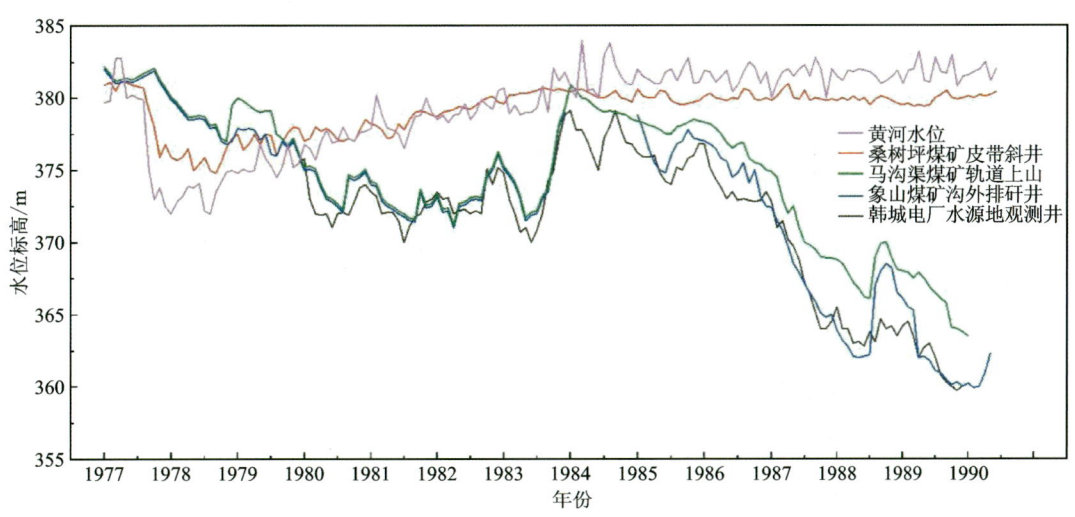

图 3.2　韩城矿区奥灰水 1977—1992 年水位动态变化特征

了一次水位的骤降后一直处于较为平稳的状态,而南部地区基本处于波动下降状态,且平均水位明显低于北部。北区和南区奥灰水水位动态变化的原因分析如下。

桑树坪煤矿皮带斜井位于韩城矿区北部,距离黄河较近。1977 年 1 月水位约为 382m,之后有小幅波动,然后快速下降,降幅近 5m。主要原因是 1977 年延安市"7·7"洪水,强烈冲刷导致黄河河床沉积物被剥蚀,揭底 5～6m,黄河水通过河床裂隙渗漏,水位急剧下降,低于区域"380m"奥灰水水位,北区奥灰水通过河床底部基岩裂隙向黄河排泄,因此,桑树坪奥灰水水位也大幅下降,但降幅低于黄河。而南区 3 个观测点的水位也有一定幅度的下降,但降幅低于北区。说明黄河水位与研究区奥灰水水位有同升同降的联动关系,靠近黄河的北区与黄河水力联系密切,远离黄河的南区受黄河影响力较弱。1979 年之后,黄河水位缓慢回升,到 1983 年水位基本恢复至 380m 以上,之后处于小幅波动状态,且水位一直高于奥灰水水位。

南区的 3 个奥灰水水位观测点(韩城电厂水源地观测井、马沟渠煤矿轨道上山和象山煤矿沟外排矸井)均位于南区的东部,水位变化动态基本一致,仅局部变幅有一定差异。水位整体呈波动下降趋势,水位降深约 23m,水位持续下降与韩城电厂水源井抽水密切相关。1977—1983 年间水位持续下降至 370m,1983 年 7 月水位开始回升,至 1984 年 1 月水位恢复至 379.1m。推测水位恢复主要是因为电厂所在位置奥灰含水层出露,且被河流切割,同时 1983 年韩城市年降水量达到 40 年内的峰值,约 957.3mm,大气降水和河流渗漏对奥灰水的补给增大,也可能是受薛峰水库泄洪影响。同时从图 3.2 中可以看出,1983 年雨季过后奥灰水水位迅速回升,至年底水位基本恢复,推测南区降水和河流对奥灰水的滞后补给时间较短。

从上述奥灰水水位动态变化特征可以发现,南区水位的大幅下降对北区桑树坪供水井附近的水位影响较小,说明北区水位主要受黄河水位影响。由于北区凿开河也切割了奥灰含水层,但从桑树坪供水井水位动态变化特征来看,1983 年韩城特大降雨对桑树坪供水井附近的奥灰水水位影响较小。推测其原因,一方面可能是北区奥灰水水位常年基本接近"380m"水位线,凿开河水位和奥灰水水位一直保持动态平衡,只有北区水位下降、平衡被打破的条件下,凿开河才能补给奥灰水;另一方面可能是北区奥灰水与黄河水力联系大于凿开河的水力联系,凿开河水位对北区奥灰水影响较小。

虽然仅利用了1977—1992年共15年的水位动态观测数据,但仍可以较好地反映各因素对地下水水位的影响。

3.2 奥灰水水位动态影响因素

3.2.1 降水量与奥灰水水位

大气降水作为韩城矿区奥灰水的主要补给源之一,主要通过边浅部奥灰露头区进行入渗补给,分别对年内降水量和年际降水量与奥灰水水位动态之间的关系进行分析。

1)降水量年内变化特征

首先对韩城矿区多年平均月降水量进行分析,韩城矿区1977—2021年月平均降水量变化曲线见图3.3。可以看出,韩城矿区降水主要集中在4—8月,可占到全年降水量的75%以上。

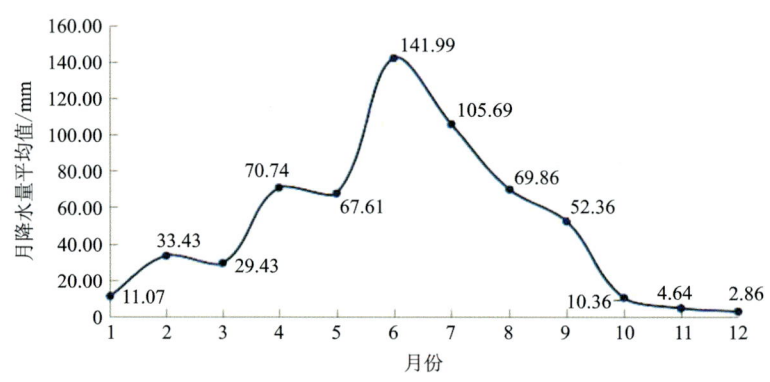

图3.3 韩城矿区月平均降水量

2)降水量年际变化特征

绘制韩城矿区1977—2021年年降水量柱状图(图3.4),可以看出年际降水量并无明显的规律,处于波动状态,矿区降水量分别在1983年、2021年达到峰值957.3mm、950.2mm。矿区多年平均降水量545.91mm。

3)降水量对奥灰水水位的影响

研究区的奥灰水水位监测数据和降水量数据能够一一对应的年份集中在1977—1990年,因此,仅对该阶段奥灰水水位与降水量的关系进行分析,分别分析月度降水量、年度降水量与奥灰水水位的相关性。

月度降水量与奥灰水水位的动态特征见图3.5,从图中可以看出,北区、南区奥灰水水位波动和月度降水量与奥灰水水位之间的关系不明显,主要是由于降水补给奥灰水有一定的累积效应和滞后效应。

3 奥灰水水位动态特征及其影响因素

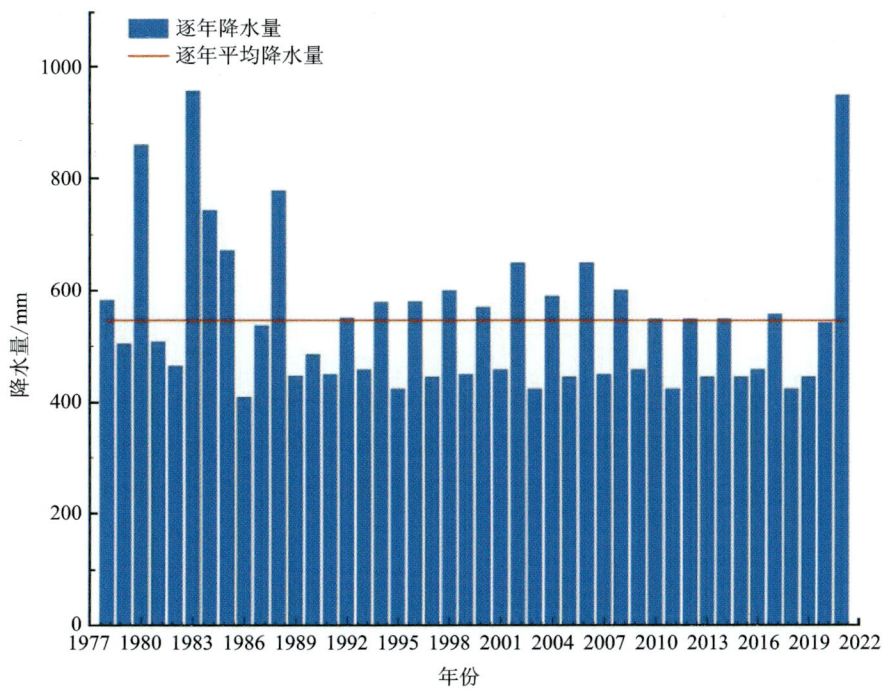

图 3.4　韩城矿区 1975—2021 年降水量柱状图

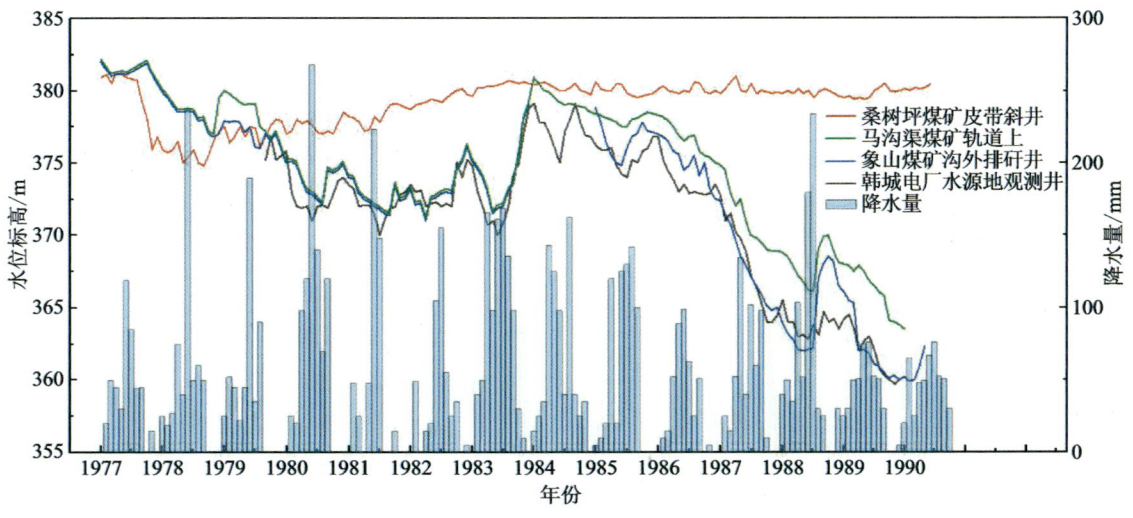

图 3.5　月度降水量与奥灰水水位相关性图

年度降水量与奥灰水水位的动态特征见图 3.6,从图中可以看出,1983 年降水量最大,其次为 1980 年,再次为 1988 年。从这 3 年奥灰水的波动情况来看,北区桑树坪奥灰水水位对降水量响应不明显;而南区奥灰水水位对降水量有比较明显的响应,表现为在当年年末奥灰水水位即有大幅上升。

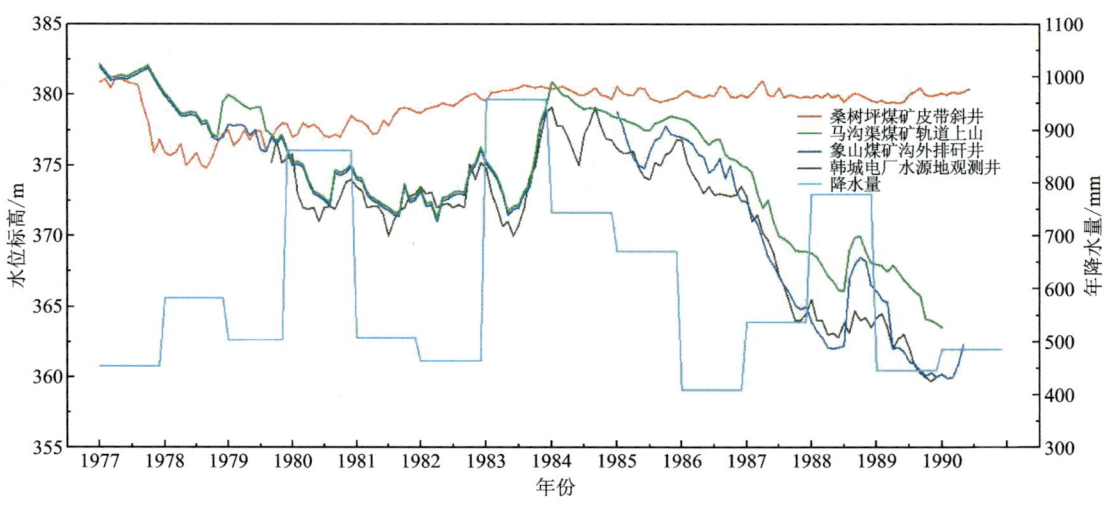

图 3.6　年度降水量与奥灰水水位相关性图

3.2.2　蒸发与奥灰水水位

东南边浅部奥灰含水层露头处裂隙、溶孔溶隙较为发育，有利于奥灰水蒸发，但是由于山高谷深，奥灰水水位埋深大，蒸发有限；西北部奥灰深埋区由于上覆厚层基岩及黄土，不利于蒸发。

3.2.3　河流与奥灰水水位

韩城矿区内对奥灰水水位动态影响较大的河流主要为黄河、凿开河、盘河和溠水河，但仅黄河有长序列水位监测数据，其他几条河流都没有进行长期水位监测，无法量化分析其与奥灰水水位的动态相关性。

1）黄河与奥灰水水位

黄河位于研究区边界东北部，为矿区的天然边界，也是区域侵蚀基准面。通过绘制 1977—1990 年北区和南区奥灰水动态曲线与黄河水位动态曲线，可以直观反映奥灰水与黄河水的相关关系。

从图 3.7 可以看出，桑树坪煤矿奥灰水水位与黄河水位动态相近，而南区 3 个水位观测孔水位动态与黄河水位不同步，呈现近岸同步起伏、远岸变幅小而平缓且峰值滞后的特征。1977 年初—1980 年初，黄河水位低于奥灰水水位，奥灰水补给黄河导致北区奥灰水水位下降；1980 年初—1984 年初，黄河与北区奥灰水水位交差波动，反映出两者互为补排，1984 年以后黄河水位稳定波动，且均高于奥灰水水位，黄河补给奥灰水。从黄河水位与北区奥灰水水位的波动关系看，两者动态一致，反映其水力联系密切。

同时，南区 3 个观测点水位动态趋势基本一致，但与黄河水位动态特征差异较大。1977—1979 年（南区奥灰水开采量较小）南区奥灰水水位基本高于黄河水位和北区奥灰水水位，反映出南区相对于北区和黄河处于补给区，但随后受韩城电厂抽水影响，南区奥灰水水位持续下降。1980 年以后，南区奥灰水水位持续低于北区和黄河，但北区和黄河水位并未随南

3 奥灰水水位动态特征及其影响因素

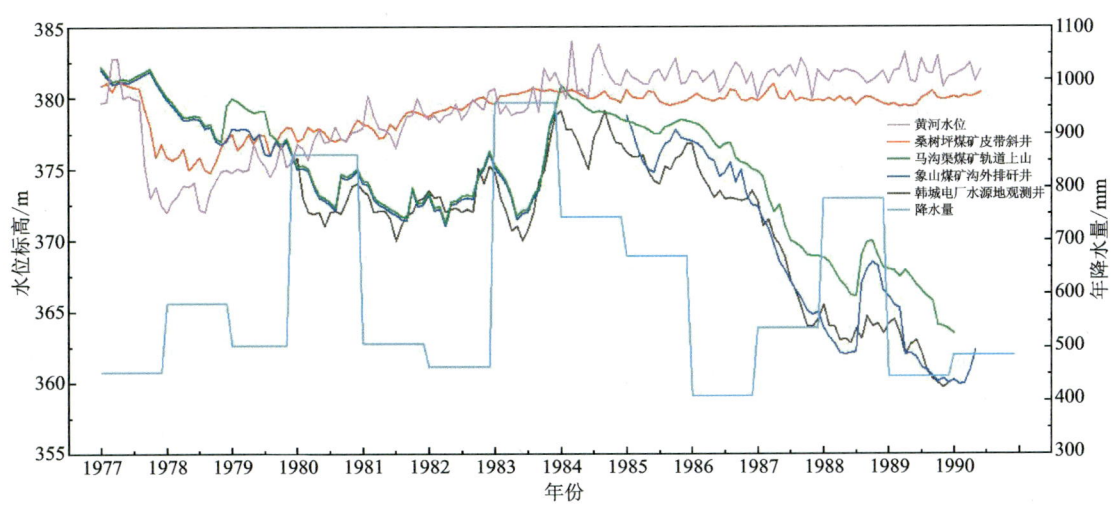

图 3.7 黄河水位与奥灰水水位相关性图

区奥灰水水位的下降而同步下降,说明南区奥灰水与北区奥灰水和黄河水没有直接水力联系。

总体来看,1977—1990 年间,北区奥灰水与黄河水力联系密切,而对降水量的响应不明显,且基本不受南区水位大幅下降的影响;南区奥灰水水位下降主要是由超采造成,南区奥灰水与降水密切相关,每次降水后奥灰水水位均有一定程度的回升。马王庙水文站在矿区东北侧,其水位由上游降水量决定,与矿区降水量关系不大。

2)其他河流与奥灰水水位

凿开河、盘河和浥水河均为研究区内的常年性河流。根据潘文勇等(1992),凿开河流量为 0.3~3.8 m³/s,流经灰岩长度约 3km;盘河流量为 0.02~0.3 m³/s,流经灰岩长度约 1.2km;浥水河流量为 0.84~22.71 m³/s,流经灰岩长度为 1km。根据多次河流测流资料,浥水河的渗漏补给量约为 0.270 4 m³/s,盘河的渗漏补给量约为 0.057 m³/s。河流渗漏补给奥灰含水层总量约为 1000 m³/h。但因各河流并无相应的时序数据,故不能进行相关性分析。

3.2.4 人为开采与奥灰水水位

人为开采奥灰水概况:经调查发现,自 1975 年至今均有奥灰水的人为排泄,以电厂水源井抽水、矿井涌(突)水为主,累计奥灰涌突水点 19 个,其中突水点 14 个,至今涌水 5 个。

1)各矿涌(突)水情况

1975—2021 年间区内仅有桑树坪、象山和马沟渠 3 矿在矿区边浅部采掘过程中出现奥灰突水,仅有 1976 年马沟渠突水和 2011 年禹昌煤矿突水对奥灰水水位有显著影响。韩城矿区桑树坪煤矿自 1975 年至今共发生奥灰突水 10 次,象山、马沟渠煤矿共发生过 4 次突水(表 3.1)。

2)水源井开采情况

(1)北区。北区水源井主要位于桑树坪镇。相较于南区电厂的供水量,北区水源井供水量较小,约 2472 m³/d(103 m³/h)(表 3.2)。

表 3.1 韩城矿区各矿突水情况一览表

矿井	突水点	通道	突水日期	出水层位	突水详情及处理情况
桑树坪煤矿	6号斜井280车场北掘进头	灰岩裂隙	1975/8/3	奥灰顶面以下10m	1975年8月3日19时,位于六号斜井280车场北掘进头炮眼处发生突水,1号炮眼32d累计排水量5.08万 m^3,1976年4月2日安装压力表并再次装药放炮,放炮后涌水量从最初的60～80m^3/h增至110m^3/h
	5号斜井280车场北掘进头	灰岩裂隙	1976/11/11	奥灰顶面以下约10m	1975年12月5日,于5号斜井280车场北掘进头掘进至37.9m处时裂隙出水约15m^3/h,掘进到84.80m处,两炮眼发生突水,涌水量80m^3/h,于1976年1月11日用木楔堵住钎子眼
	原280大巷南掘进头	灰岩裂隙	1976/3/3	奥灰顶面以下近20m	1976年3月13日向南掘进到116.0m处,由炮眼发生突水,水量约50m^3/h后用挡水墙堵住
	1号报废斜井	断层	1976/5/9	奥灰顶面以下约25m	1976年4月22日15时,掘进至原1号斜井巷道527.4m,炮眼出水约15m^3/h,水量逐渐变小。1976年5月9日10时,1号皮带斜井,掘进至555m时,初期少量出水,16:30放炮后水量增至100m^3/h,18:30水量由100m^3/h增至1530m^3/h,井筒淹没319.3m,出水5600m^3,20:30涌水量变为680m^3/h,22:42涌水量变为30m^3/h
	4号井底	钎子眼	1976/7/16	奥灰顶面以下20m	1976年7月16日,280大巷由4号斜井向北掘进345m时(过凿开河约200m),从钎子眼出水,水压较大,水量约54m^3/h。出水后堵塞,现用挡水墙堵住,并安装阀门
	280主石门	灰岩裂隙	1977/8/13	奥灰顶面附近	在巷道右侧底板裂隙出水,水量约30m^3/h,自流到中央水仓用水泵排至地面
	280大巷运输石门	灰岩裂隙	1977/9/12	奥灰顶面以下1m左右	1977年9月12日,距南翼280大巷180m处巷道左侧底板裂隙出水。1981年7月24日涌水量增至220m^3/h

续表 3.1

矿井	突水点	通道	突水日期	出水层位	突水详情及处理情况
桑树坪煤矿	北翼280运输大巷	断层	1978/4/4	奥灰顶面以上3m	1978年10月4日,北翼280运输大巷掘进至北一采区轨道的山口以南150m处,遇断层,水由底板涌出,水量约40m³/h。此出水点现已无水
桑树坪煤矿	5号井底水泵房北头	放水孔	1982/3/1	未知	1982年1月,为解决矿区用水不足而专门设计施工的一个放水孔,作为供水水源用,涌水量223.6m³/h
桑树坪煤矿	280绕道封闭墙	未知	2011/8/7	未知	禹昌矿11#煤层底板突水,冲垮北二绕道封闭墙,溃入桑树坪280大巷,最大突水量12 000m³/h,平均突水量6580m³/h,持续约半年
象山煤矿	280排矸石门	断层	1975/6/16	未知	1975年6月16日,遇断层突水,水量40m³/h,7月7日增至414m³/h
象山煤矿	220井底平巷	未知	未知	未知	巷边周围渗水
象山煤矿	沟外老排矸斜井	断层	1975/5/21	未知	涌水量80m³/h,1975年10月18日在迎掌打3个炮眼后,水量增至150m³/h。10月20日又打3个炮眼,涌水量增至233.28m³/h
马沟渠	马沟渠240石门	未知	1976/8/6	未知	1976年8月6日1:30—3:30发生突水,水量由1200m³/h上升至5956m³/h,历时2h

表 3.2 韩城矿区桑树坪煤矿水源井详情

产水源	供水对象	供水时间/h	日产水量/(m³·d⁻¹)	总水量/(m³·d⁻¹)
2#水源井	一、三家属区	3	270	2472
四区潜水泵	四家属区、汽车队、矿小学	2	22	
后勤泵	更生厂、汽车队粮站	3	80	
+125	胡岭、卫家嘴、杨家岭	6	600	
+125	工业南街坊	15	1500	

(2)南区。南区主要水源井为韩城电厂抽水井群。韩城电厂(一电)1973年开工建设,1979年11月24日全部建成投产,于1979年正式大规模供水。据潘文勇(1992),韩城电厂1979—1984年,平均供水量小于1000m³/h;1985—1987年,平均供水量400～1550m³/h;

1988—1989年,平均供水量700~1 716.67m³/h;1990年—1992年7月,平均供水量1000~1400m³/h。据韩城市水务局资料,1992年8月—2010年12月,韩城电厂抽水量700~1700m³/h;1992年6月3日—7月8日矿区南区大型抽水试验,抽水量2500~2900m³/h(马渠沟1500m³/h,韩城电厂700~1700m³/h)(表3.3)。

表3.3 不同阶段韩城电厂和马沟渠抽水井奥灰水开采量

区域	时间	开采量/(m³·h⁻¹)	平均抽水量/(m³·h⁻¹)
韩城电厂	1979年2月—1982年2月	400~1 368.33	950
	1982年3月—1984年3月	400~1400	900
	1984年4月—1987年1月	400~1550	975
	1987年2月—1989年1月	700~1 716.67	1314
	1989年2月—1992年8月	1000~1400	1200
	1992年9月—2010年12月	700~1700	1300(参考值)
马沟渠抽水	1992年6月3日—1992年6月18日	1500	1500

绘制韩城电厂抽水量与奥灰水动态变化曲线(图3.8),可以看出,自1979年电厂开始供水,南区象山煤矿供水井奥灰水水位基本处于持续下降状态;期间在1983年因降水量大,河流渗漏增大,造成1984—1985年奥灰水水位略有回升;1987年抽水量增大后,水位快速下降,1988年8月降水量大,造成当年年底奥灰水水位短暂回升。因此,南区奥灰水水位长期趋势受控于韩城电厂抽水量,短期波动受控于降水和河流渗漏补给;而北区桑树坪附近奥灰水水位受韩城电厂抽水影响不大。

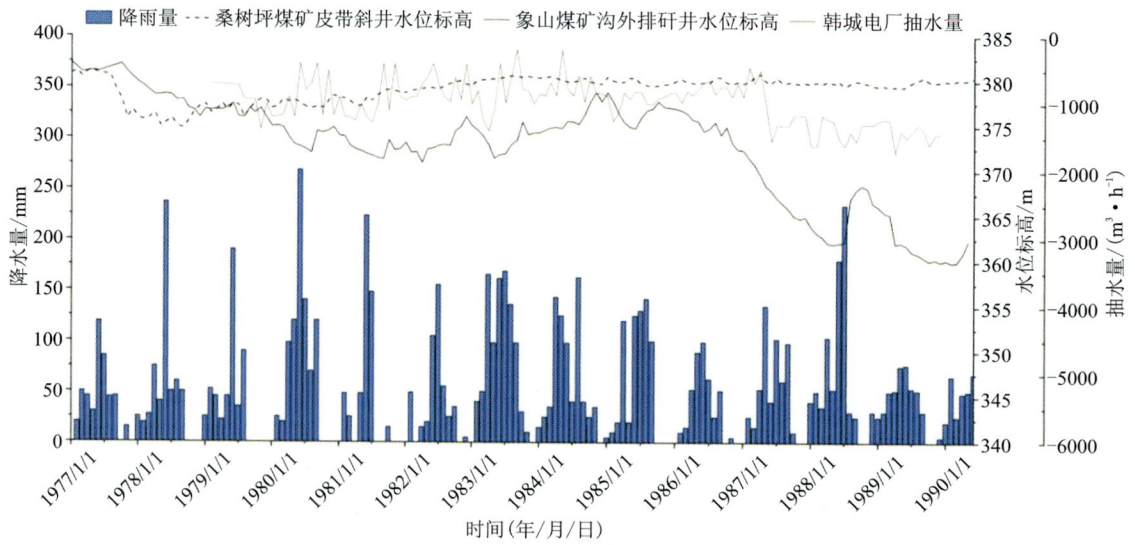

图3.8 韩城电厂抽水量与南区和北区奥灰水动态变化曲线

3 奥灰水水位动态特征及其影响因素

3.2.5 奥灰水水位动态影响因素评价

前文通过绘制月度降水量、年度降水量、黄河水位、韩城电厂抽水量与奥灰水水位动态关系曲线,初步分析了其与奥灰水水位之间的关系,认为月度降水量对奥灰水影响很小,年际降水量对奥灰水有一定的影响,黄河水位对北区奥灰水影响较大,韩城电厂抽水对南区奥灰水影响较大。为了进一步量化上述因素对奥灰水的影响程度,采用灰色关联分析法对研究区奥灰水水位动态(母因素)与其各影响因素(子因素)之间的相关性进行分析。灰色关联度分析法(Grey Relation Analysis,GRA)是一种常用的多因素统计分析方法:在一个灰色系统中,通过比较系统中各个统计序列曲线几何形状的相似程度来分析系统中多因素间的关联程度,序列曲线几何形状越接近,其关联度越大(李秀红,2007)。

分别对北区和南区的奥灰水水位动态的影响因素进行分析。北区将桑树坪煤矿皮带斜井水位动态作为母因素,将上年降水量(G1)、当年降水量(G2)、黄河水位(G3)和煤矿涌(突)水量(G4)作为子因素;南区将韩城电厂水源地供水井、象山奥灰供水井和马沟渠+240突水点水位动态作为母因素,将上年降水量(G1)、当年降水量(G2)和韩城电厂抽水量(G5)作为子因素。采用1977—1990年间的奥灰水水位动态、降雨量、电厂抽水量及煤矿涌(突)水量进行分析。

北区奥灰水水位与上年降水量(G1)、当年降水量(G2)、黄河水位(G3)和煤矿涌(突)水量(G4)的关联系数见表3.3,关联度见表3.4。

表3.3 韩城矿区北区奥灰水水位与各影响因素的关联系数

年份	G1	G2	G3	G4
1979	0.834	0.619	0.982	0.897
1980	0.604	0.408	0.995	0.669
1981	0.42	0.624	1	0.89
1982	0.605	0.536	0.996	0.926
1983	0.524	0.335	0.995	0.919
1984	0.343	0.574	1	0.92
1985	0.592	0.754	0.997	0.94
1986	0.785	0.456	0.998	0.885
1987	0.449	0.691	0.998	0.923
1988	0.673	0.512	0.996	0.982
1989	0.528	0.507	0.993	0.878
1990	0.497	0.572	0.996	0.677

由表3.4可以看出,黄河水位(G3)与北区奥灰水水位的关联度最高,为0.996,其次是奥灰涌(突)水量(G4),关联度为0.875,再次是上年降水量(G1),最后是当年降水量(G2)。

表 3.4　韩城矿区北区奥灰水水位与各影响因素的关联度

影响因素	关联度	排名
上年降水量(G1)	0.571	3
当年降水量(G2)	0.549	4
黄河水位(G3)	0.996	1
奥灰涌(突)水量(G4)	0.875	2

南区奥灰水水位与上年降水量(G1)、当年降水量(G2)和韩城电厂抽水量(G5)的关联系数见表3.5,关联度见表3.6。

表 3.5　韩城矿区南区奥灰水水位与各影响因素的关联系数

年份	韩城电厂水源地观测井			象山煤矿沟外排矸井			马沟渠煤矿轨道上山		
	G1	G2	G5	G1	G2	G5	G1	G2	G5
1979	0.906	0.683	0.801	0.914	0.689	0.814	0.937	0.702	0.801
1980	0.684	0.475	0.923	0.685	0.483	0.948	0.690	0.484	0.946
1981	0.486	0.715	1.000	0.494	0.717	1.000	0.496	0.717	1.000
1982	0.696	0.617	0.938	0.698	0.618	0.964	0.697	0.618	0.972
1983	0.602	0.386	0.917	0.604	0.392	0.941	0.606	0.393	0.942
1984	0.403	0.682	0.920	0.404	0.683	0.921	0.409	0.695	0.940
1985	0.700	0.898	0.884	0.711	0.914	0.899	0.711	0.913	0.899
1986	0.925	0.518	0.902	0.940	0.523	0.916	0.938	0.526	0.915
1987	0.523	0.810	0.860	0.532	0.828	0.880	0.532	0.825	0.877
1988	0.803	0.575	0.795	0.822	0.577	0.813	0.825	0.578	0.816
1989	0.587	0.605	0.757	0.587	0.619	0.778	0.590	0.619	0.777
1990	0.602	0.697	0.742	0.612	0.710	0.757	0.614	0.711	0.759

表 3.6　韩城矿区南区奥灰水水位与各影响因素的关联度

评价项	G1	G2	G5
观测点	上年降水量	当年降水量	韩城电厂抽水量
韩城电厂水源地观测井	0.670	0.648	0.887
象山煤矿沟外排矸井	0.660	0.638	0.870
马沟渠煤矿轨道上山	0.667	0.646	0.886

从表3.6可以看出,南区3个水位监测点水位动态数据与韩城电厂抽水量(G5)的关联度最高,其次是上年降水量(G1),最后是当年降水量(G2),但上年降水量(G1)与当年降水量(G2)的关联度相差非常小。

上述分析表明,北区在煤矿疏排和开采奥灰水较小的情况下,奥灰水受黄河水位影响较大,其次为煤矿涌(突)水,而降水量对奥灰水的影响很小;南区在大量抽采奥灰水的情况下,韩城电厂抽水对奥灰水水位的影响较大,且持续时间长,而大气降水的增加或减少仅能短时间、小幅度地改变奥灰水的动态。

3.3 奥灰水水位动态表征

韩城矿区北区主要受黄河水位影响,南区主要受韩城电厂抽水影响。利用 SPSS 中的曲线估算模块,分别建立了北区奥灰水水位与黄河水位,南区奥灰水水位与电厂抽水量的线性、二次及 S 型曲线模型(表 3.7)。经过比对,北区桑树坪煤矿奥灰水水位与黄河水位呈线性关系(图 3.9),而南区奥灰水水位与韩城电厂抽水量呈抛物线关系(图 3.10)。

表 3.7 各奥灰水水位动态曲线回归分析拟合度量(R^2)结果

函数关系	桑树坪煤矿皮带斜井	韩城电厂水源地观测井	象山煤矿沟外排矸井	马沟渠煤矿轨道上山
线性	0.787	0.561	0.464	0.531
二次	0.700	0.785	0.735	0.748
S 型	0.680	0.555	0.492	0.565

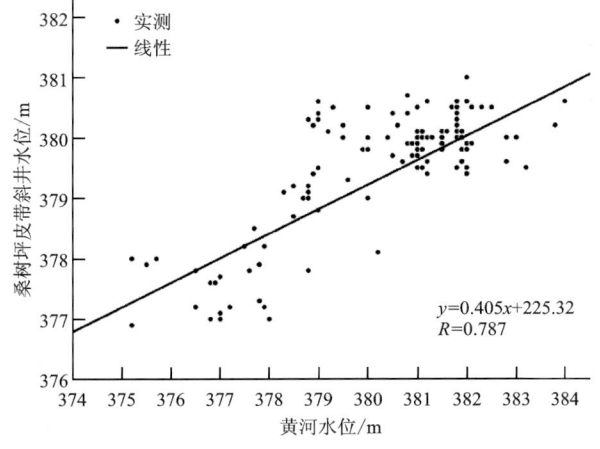

图 3.9 韩城矿区北部桑树坪煤矿奥灰水水位与黄河水位拟合曲线

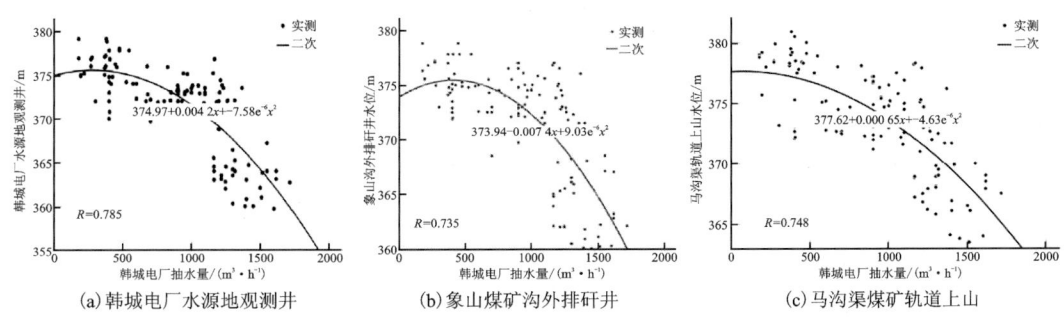

图 3.10 韩城矿区南区奥灰水水位与韩城电厂抽水量拟合曲线

据二次曲线模型分析,分别得到南区韩城电厂水源地观测井、象山煤矿沟外排矸井、马沟渠煤矿轨道上山奥灰水水位拟合曲线[式(3.1)~式(3.3)],可以看出,南区电厂抽水量在达到400~500m³/h时,水位开始快速下降,抽水量越大下降幅度越大。

$$y = -7.58e^{-6}x^2 + 0.004\ 2x + 374.97 \tag{3.1}$$

$$y = -9.03e^{-6}x^2 + 0.007\ 4x + 373.94 \tag{3.2}$$

$$y = -4.63e^{-6}x^2 + 0.000\ 65x + 377.62 \tag{3.3}$$

3.4 奥灰水水位动态类型

影响奥灰水水位动态的因素包括气候、水文、地质、土壤和生物因素以及人为因素。气候、水文、地质、土壤和生物因素在短期内变化不大,因此,研究区水位动态主要受人为因素影响。人为因素主要是供水井开采、煤矿疏排水、涌(突)水以及向河道排放矿井水、河道上游修建水库等。

采用对奥灰水水位动态影响最大的补给项和排泄项的组合对地下水水位动态成因类型进行划分和命名。当地下水水位动态显著受控于某单一补给或排泄因素时,可直接以该影响因素对地下水水位动态成因类型进行命名。若地下水水位动态受补给项及排泄项的共同作用影响(相关系数为0~0.6),则以补给项排泄项的组合进行命名。

1)南区奥灰水水位动态类型

南区奥灰水水位从1979年开始持续下降,南区奥灰水水位与大气降水的相关系数为0.212(在0.05级别),奥灰水与抽水量的相关系数为-0.39(在0.01级别),说明从1979—1990年南区奥灰水水位动态属于人工开采型;1990—2010年,韩城电厂持续大量开采奥灰水,该阶段南区奥灰水水位动态也属于人工开采型;2010年以后南区无大型奥灰水开采点和涌(突)水点,近几年的奥灰水水位监测数据显示水位介于368~372m之间,说明水位逐步恢复,但由于缺乏长序列奥灰水水位监测数据,无法对其动态类型进行界定。

2)北区奥灰水水位动态类型

1975—1990年间,北区共发生突水9次,但大多数突水量较小,且持续时间短,另有2口奥灰供水井,供水量不超过400m³/h,因此北区奥灰水水位未出现大幅波动,且北区奥灰水与黄河水位相关系数为0.89,属于水文型;1990—2011年北区未发生突水,仅奥灰供水井供水,仍属于水文型;2011年禹昌煤矿发生大型突水,持续时间较长,叠加奥灰抽水井开采,奥灰水水位动态受人工开采影响较大,受黄河影响减弱,属于人工开采型。

4 奥灰水动力场演化规律

奥灰水作为韩城矿区重要的供水水源和矿井充水水源,经过长期开采和疏放,水位大幅下降,同时水质劣化明显,严重制约了矿区经济发展。准确刻画长期开采和疏放条件下奥灰水水位动态变化过程,掌握现阶段奥灰水的流场特征及补径排条件,能够为合理开发利用奥灰水资源及有效防治奥灰涌(突)水事故提供理论支持。

韩城矿区的煤矿、电厂和重要企业均分布在矿区东南侧,因此,奥灰水水位监测点多集中于矿区东南侧的煤矿周边,而西北侧奥灰水水位监测数据稀少。且因为以往煤矿多将奥灰水视为灾害因子,仅在发生涌(突)水事故时对其进行治理,缺乏专用的奥灰水水位监测点,多将水源井、涌(突)水点、抽水试验井等用作水位监测点。由于缺乏统一监管,数据质量参差不齐,数据时空分布不均,给采用解析法分析矿区流场特征和补径排条件造成很大困难,而数值模拟法可统筹兼顾水位的时空变化、水文地质参数的非均质各向异性、边界条件的多样性和源汇项的动态变化等,在分析奥灰水流场演化特征方面具有很大的优势。因此,本次在充分收集前人已取得的水文地质调查成果、公开发表文献中的成果和作者补充野外调查的基础上,采用数值模拟法对韩城矿区奥灰水在不同开采阶段的流场演化特征进行分析,以期对韩城矿区奥灰水水文地质单元在长期开采条件下补径排条件的动态变化特征进行量化分析,揭示长期开采对韩城矿区奥灰水动力场演化的作用机理,并预测未来 5 年奥灰水水位动态变化,为奥灰水资源保护提供理论支撑。

4.1 水文地质概念模型

水文地质概念模型是在对研究区水文地质条件深入认识基础上的高度概括,是建立研究区地下水流数学模型和数值模型的基础,其合理性与准确性对数学模型和数值模型至关重要。水文地质概念模型的建立包括对研究区地下水流态的认识,对含(隔)水层的概化及其水文地质参数的合理设定,对边界条件、补径排条件和源汇项的合理概化,以及模型的空间范围和模拟周期的确定。

1)地下水流态

韩城矿区奥陶系碳酸盐岩的岩溶发育规律、发育程度均受构造网络控制,溶蚀作用主要沿张性断裂构造进行,在裂隙的交叉处溶蚀作用加强。韩城矿区经历了加里东期、印支期、燕山期和喜马拉雅期构造运动,构造裂隙发育,但研究区奥陶系碳酸盐岩沉积于潮坪环境,泥质含量高,加之从晚石炭世开始即处于埋藏状态,于晚燕山期(白垩世早期—古新世)受逆冲推覆构造作用,东南部碳酸盐岩出露(王建强等,2010),西北部仍处于埋藏状态。因此,研究区除东南边浅部裂隙发育密集外,多数区域岩溶发育较弱,以溶孔、溶隙为主,溶洞较少。地下水流态仍处于渗流状态,符合达西定律。

研究区地下水主流向受 NE 向优势构造控制,局部流向受次级构造(NW 向、SN 向、EW 向)控制,但各级构造在平面和垂向上相互连通,处于同一水力系统,这为将研究区的裂隙概化为均质裂隙网络,用孔隙流来刻画其地下水流态奠定了基础。从为生产服务的角度,其精度基本可满足需求。

2)模型范围

以往水文地质调查成果表明,韩城矿区的奥灰含水层自成一个相对独立的水文地质单元,与西侧的合耀水文地质单元水力联系较差。韩城矿区东南侧以韩城大断裂(F_1)为界,可视为弱透水边界;东北侧以黄河河谷为界,可视为河流边界;矿区北侧和西侧为人为划定边界,与构造的关系尚不清楚,一般认为其为奥灰水深埋区和滞流区;南侧以龙亭构造带作为阻水边界。全区面积约 1 119.31 km²,模型范围如图 4.1 所示。

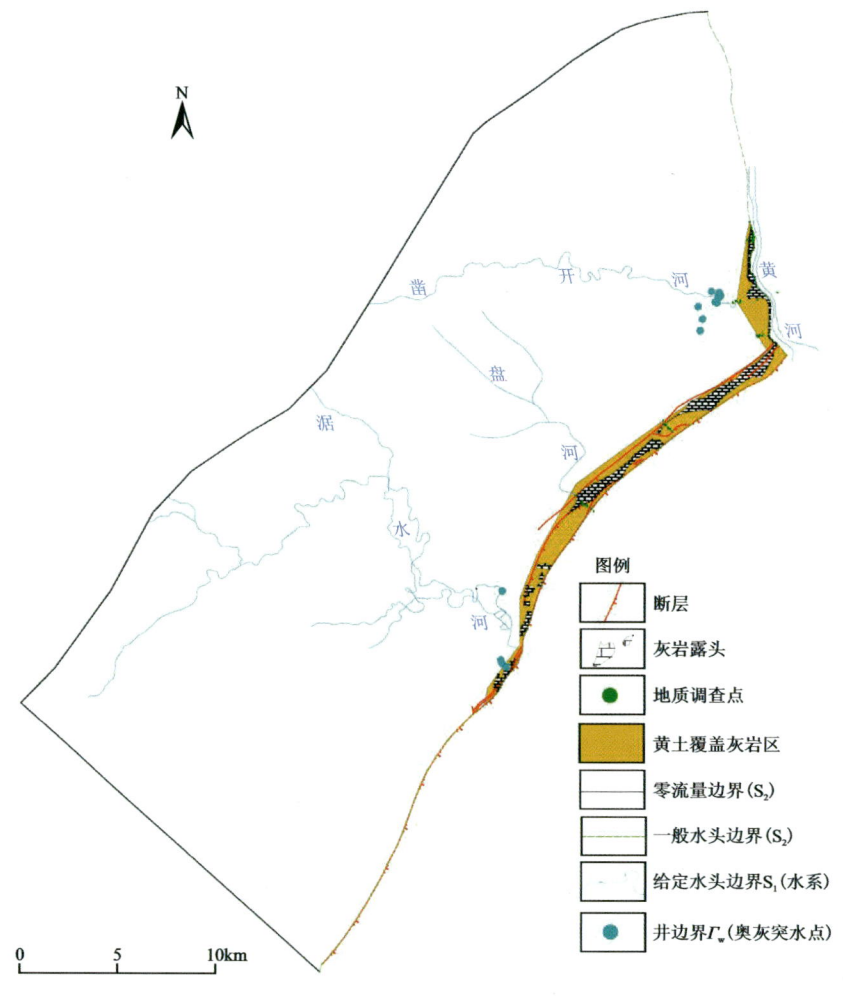

图 4.1　模型范围及边界条件

4 奥灰水动力场演化规律

本次模拟的层位为奥陶系灰岩含水层(奥灰含水层),其走向 NE,倾向 NW,在矿区东南缘呈条带状出露,向北西方向埋深逐渐增加。由于奥灰含水层上覆有本溪组和煤系地层作为隔水层,因此,它与上部中生代砂岩裂隙含水层水力联系较差,建模时可不考虑上覆含水层与奥灰含水层之间的水力联系,仅在东南缘奥灰含水层露头及河流切割奥灰含水层处考虑降水入渗补给和河流渗漏补给。

研究区奥陶纪地层由老到新包括冶里组(O_1y)、亮甲山组(O_1l)和马家沟组(O_2m)。冶里组和亮甲山组埋深大,矿区大部分钻孔未揭露该组地层。马家沟组可分 6 个岩性段,其中最顶部的马家沟组六段相当于华北地区的峰峰组,马家沟组一段、马家沟组三段和马家沟组五段岩性相似,以灰色、黄灰色准同生白云岩、溶塌角砾岩及膏盐岩为主;马家沟组二段、马家沟组四段和马家沟组六段以厚层块状灰岩和白云岩为主,夹云斑灰岩、灰斑云岩等。由于马家沟组三段以泥晶白云岩、泥质白云岩、粉晶白云岩、泥晶灰岩和钙质泥岩为主,泥质含量高,溶孔溶隙不发育,可视为相对隔水层。因此,模型在垂向上主要为奥陶纪马家沟组六段、马家沟组五段和马家沟组四段,模型以马家沟组六段灰岩顶界面作为模型的上边界,以马家沟组三段相对隔水层顶板作为模型的下边界。

3)含(隔)水层的概化

模型在垂向上主要包括奥陶纪马家沟组六段、马家沟组五段和马家沟组四段地层(即峰峰组、上马家沟组和下马家沟组),而含隔水层的概化主要参照岩性进行划分,并未与地层界线完全对应,含隔水层的具体厚度依据矿区及区域上的钻孔资料确定。含(隔)水层概化见图 4.2,具体划分方案如下。

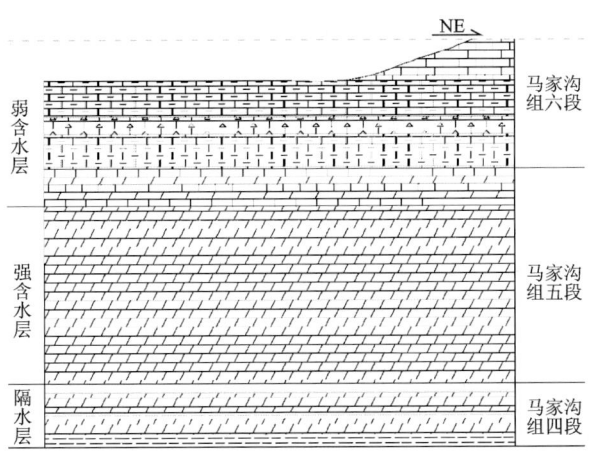

图 4.2 含(隔)水层结构概化示意图

马家沟组六段相当于华北地区的峰峰组,峰峰组依据岩性又可分为峰峰组二段和峰峰组一段,峰峰组二段岩性为深灰色隐晶质石灰岩,厚层状,不仅裂隙发育,而且小溶洞较多,其富水性和透水性相对较强,厚 0~48m,仅在北区发育;而峰峰组一段岩性为土黄色、黄灰色薄层状泥灰岩、青灰色泥质灰岩,夹深灰色厚层灰岩及角砾状灰岩。多呈薄层状,相互成层,裂隙不发育,裂隙率为 1%,且多被充填,透水性弱,厚 48~73m,全区分布。由于峰峰组二段分布局限,且厚度不大,因此,将峰峰组二段和峰峰组一段划为一层,用渗透系数和储水率来区分其含导水性。

马家沟组五段上部岩性为灰色—深灰色厚层状白云岩与灰岩互层,中夹多层灰黄色薄层泥灰岩,为弱含水层,厚25~74m,将其与峰峰组一段划为弱含水层;马家沟组五段下部岩性为深灰色厚层—中厚状白云岩,糖粒状结构,质纯、致密坚硬,层理明显,节理裂隙发育,层位稳定,厚70~120m,称之为"百米白云岩段",富水性强,将其划分为含水层。

马家沟组四段岩性为深灰色白云岩与黑色泥质岩,在层中间夹有灰褐色泥岩条带,下部有黄色泥灰岩、白云岩,具有页理构造。该段裂隙不发育,为相对隔水层。

4)边界条件

边界条件对地下水流具有重要的控制作用,对研究区边界条件的确定是在充分收集研究区地质及水文地质调查资料、大量查阅与研究区水文地质相关的文献成果及野外补充调查的基础上概化的。

(1)侧向边界。研究区奥灰含水层在东南边界与韩城大断裂(F_1)上盘的第四系厚层松散堆积物对接,可视为弱透水边界;在东北侧为黄河河谷,划定为河流边界(混合边界);北侧及西北侧为深埋区,奥灰水滞流,在近天然条件下可划为隔水边界,但在超采导致东南边浅区水位大幅下降的情况下,深部滞流区可转化为侧向补给边界,因此,西北边界水位需要依据流场变化而不断调整;南侧徐水沟附近爱贴村断裂组,错断了研究区内外的奥灰含水层,且破碎带内充填了透水性及导水性都极差的断层泥等物质,可视为隔水边界。

(2)垂向边界。在奥灰含水层出露区,可接受大气降水补给,设置为补给边界,埋藏区设置为隔水顶界面,在河流切割奥灰含水层处设置为河流边界,模型底界面为隔水边界。

5)源汇项

韩城矿区奥灰水的补给水源主要有大气降水、河流入渗和侧向径流补给;排泄项主要有向河谷排泄、以泉的形式排泄以及水源井和煤矿涌(突)水。在人类活动扰动较小的条件下,奥灰水主要接受大气降水和河流入渗补给,然后向河谷排泄,或以泉的形式排泄;而在人类活动扰动较强的条件下,奥灰水在大气降水、河流入渗补给之外,深部奥灰水的侧向径流补给成为重要补给源,而以水源井抽采和煤矿涌(突)水的人工排泄为主。

4.2 地下水流数学模型

根据研究区的水文地质概念模型,地下水流数学模型中的控制方程可用非均质、各向异性三维稳定和非稳定流运动方程表达(薛禹群和吴吉春,2010)。

$$\begin{cases} \dfrac{\partial}{\partial x}\left(K_{xx}\dfrac{\partial H}{\partial x}\right)+\dfrac{\partial}{\partial y}\left(K_{yy}\dfrac{\partial H}{\partial y}\right)+\dfrac{\partial}{\partial z}\left(K_{zz}\dfrac{\partial H}{\partial z}\right)+W=S_s\dfrac{\partial H}{\partial t} & (x,y,z)\in\Omega, t\geqslant 0 \\ H(x,y,z,t)|_{t=0}=H_0(x,y,z) & (x,y,z)\in\Omega, t=0 \\ H(x,y,z,t)|_{S_1}=H_1(x,y,z,t) & (x,y,z)\in S_1, t\geqslant 0 \\ T\dfrac{\partial H}{\partial n}\bigg|_{\Gamma_w}=-\dfrac{Q}{2\pi r_w} & (x,y,z)\in\Gamma_w, t\geqslant 0 \\ K\dfrac{\partial H}{\partial n}\bigg|_{S_2}=q(x,y,z,t) & (x,y,z)\in S_2, t\geqslant 0 \end{cases} \quad (4.1)$$

式中：Ω 为模型范围；H 为水位(m)；K_{xx}，K_{yy}，K_{zz} 为 x,y,z 方向上的渗透系数(m/d)；S_s 为储水率(m^{-1})；W 为源汇项(1/d)；$H_0(x,y,z)$ 为含水层初始水位(m)；S_1 为渗流区域的给定水头边界；$H_1(x,y,z,t)$ 为给定水头边界处的水位(m)；Γ_w 为井边界；Q 为井流量(m^3/d)；r_w 为井半径(m)；S_2 为渗流区域的流量边界；q 为流量边界处的流量(m^3/d)。

4.3 地下水流数值模型

基于上述水文地质概念模型和数学模型，选取适合的数值模拟软件建立研究区的地下水流数值模型。本次采用国际先进的 Visual MODFLOW 2000 软件建立韩城矿区奥灰含水层的三维数值模型，采用长期水位观测数据对模型的边界条件、水文地质参数及源汇项进行识别和验证，采用校正后的模型对 2022—2026 年的奥灰水水位动态进行计算，并总结长期开采条件下奥灰含水层地下水动态及水动力场的演化特征。

4.3.1 数值模型的建立

1）时空离散

(1)空间剖分。模拟区面积(活动单元格面积)约 1 119.31 km^2，将区域按照 500m×500m 的网格进行剖分，划分为 127 行、100 列，每个单元格面积约 0.25 km^2。模型在垂向上分为 3 层(图 4.3)。

(2)模拟期设定与划分。研究区奥灰水开采历史悠久，但水位监测点分布不均，数据质量不高，因此，先建立研究区奥灰水的稳定流模型，对初始流场、补径排条件和水文地质参数进行识别和调整，该阶段人为扰动对奥灰水的影响较小，稳定流模型计算的水位可作为非稳定流模型的初始流场。非稳定流的模拟期为 1975 年 1 月—2026 年 12 月，其中 1975 年 1 月—1989 年 12 月为模型的识别期，1990 年 1 月—2021 年 12 月为模型的验证期，2022 年 1 月—2026 年 12 月为模型的预测期。应力期为模型依据输入数据的时间节点自动划分，模型共 314 个应力期，每个应力期有 10 个时间步长。

2）模型参数输入

(1)降水入渗补给量。韩城市气象局资料显示，韩城市年平均降水量 545.91mm，奥灰含水层露头范围 36.71 km^2，奥灰水在露头处接受大气降水补给。大气降水入渗量采用式(4.2)计算。

$$Q_{渗} = \alpha \cdot F \cdot H_i \tag{4.2}$$

式中：$Q_{渗}$ 为降水入渗补给量(m^3)；α 为降水入渗系数；F 为补给面积(m^2)；H_i 为年降水量(mm)。

入渗系数取值参考侯光才等(2008)，奥灰含水层露头处取 0.14，黄土覆盖区取 0.05。

(2)蒸发量。奥灰含水层出露地带，由于地势较高，山高谷深，地下水埋深大，蒸发作用较小，但河流存在蒸发作用，因此，按照经验值设置蒸发量，并参考水位动态变化进行校正，极限蒸发深度设置为 3m。

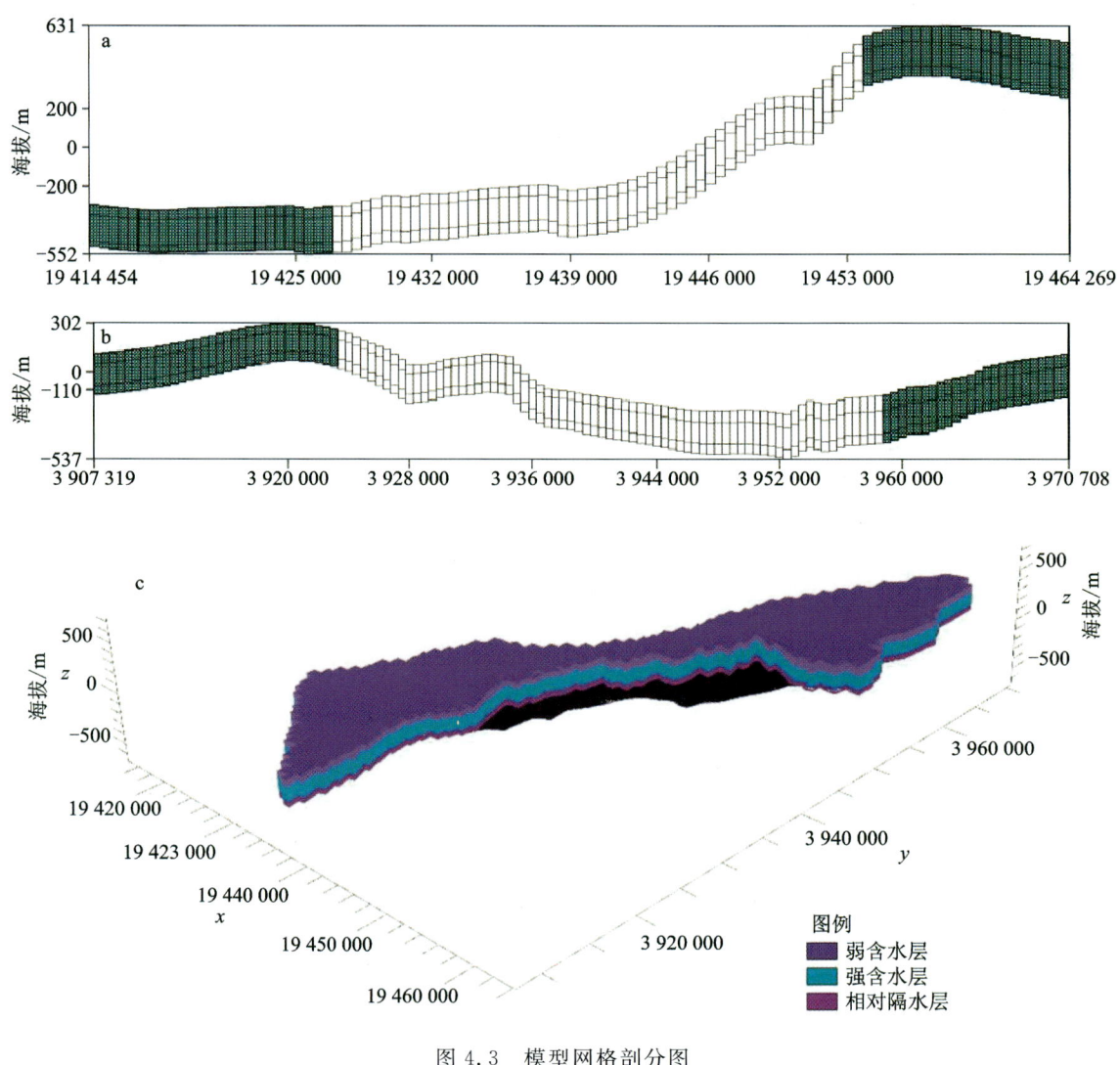

图 4.3 模型网格剖分图

(a)模拟区东西向剖分图;(b)模拟区南北向剖分图;(c)模型三维展布图。

(3)人为排泄。20世纪70年代初对奥灰水的开采量较小。随着经济发展速度的加快,从1979年韩城电厂投产开始,对奥灰水的抽采量大幅增加,同时工矿企业水源井数量增加,伴随时有发生的煤矿奥灰涌(突)水事故。在模型中,将韩城电厂抽水井群概化为5口抽水井,抽水量依据电厂总抽水量进行合理分配;将煤矿涌(突)水点概化为抽水井,抽水量依据涌(突)水量设定,概化后的抽水井分布位置见图4.4。

3)河流概化

研究区内切割奥灰含水层的较大河流有黄河、凿开河、盘河和澽水河。其中,凿开河、盘河和澽水河的水位均高于常年性奥灰水水位,多数时期河流补给奥灰水,仅在丰水期奥灰水季节变动较大的时期,奥灰水会向河谷排泄;黄河为区域侵蚀基准面,多数时期黄河水位低于奥灰水水位,黄河是奥灰水的主要排泄区,而在枯水年份奥灰水水位低于黄河水位时,黄河补

4 奥灰水动力场演化规律

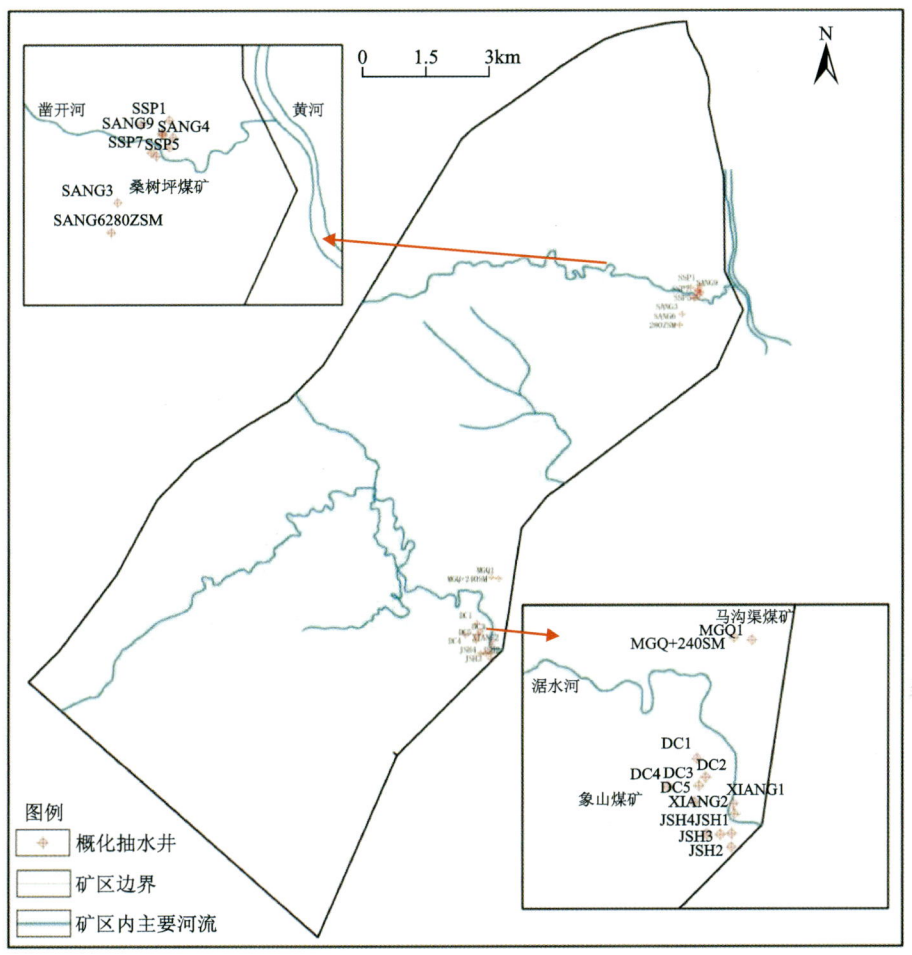

图 4.4　研究区河流渗漏段概化为抽水井

给奥灰水,因此,奥灰水与黄河互为补排关系,两者的水力联系依据监测孔水位进行识别。模拟区黄河、凿开河、盘河、浥水河切割含水层的面积分别为 5.2km²、1.25km²、0.5km²、0.25km²,河水位根据近几年实测水位给定。需要特别说明的是,浥水河上游薛峰水库(中型)于 1973 年建成,建成后水库下游河道流量主要受控于水库泄水量,象山矿井向浥水河排放矿井水也会影响河道流量,因此浥水河渗漏补给奥灰水的水量较难把控,主要依据南区 3 个水位监测点数据进行识别。当河流边界的识别效果不好时,可考虑将河流概化为注水井,注水量依据河流渗漏量设定。

$$Q_河 = K \cdot I \cdot D \cdot L \tag{4.3}$$

$$I = \frac{H}{M} \tag{4.4}$$

式中:$Q_河$ 为河流渗漏量(m³/d);K 为河床沉积物渗透系数(m/d);I 为河床沉积物的水力梯度;H 为河水与奥灰水之间的水头差(m);M 为河床沉积物厚度(m);D 为河流宽度(m);L 为河流切割灰岩含水层的长度(m)。

河流的渗漏系数依据以往水文地质调查过程中对凿开河、盘河、浥水河实测渗漏量和河流流量的比值确定,见表 4.1,以此作为模型中河流渗漏补给奥灰水水量的参考。

表 4.1 主要补给河段河流渗漏量统计表

	河流	渗漏量/(m³·d⁻¹)
陕西省煤田地质局一三一队测量	凿开河	3 826.29
	盘河	1 085.20
	潕水河	13 200.00
中煤科工西安研究院(集团)有限公司模拟结果	凿开河	/
	盘河	766.80
	潕水河	16 331.28

4)导水系数

依据钻孔揭露含水层厚度及抽水试验实测渗透系数,确定相应的导水系数,韩城矿区奥灰含水层导水系数在补给径流区为 455~2327m²/d,河津-韩城单元排泄区导水系数为 10 303~20 139m²/d,由补给径流区至排泄区导水系数逐渐增大,这是排泄区地下水流速快、溶蚀作用较强造成的(侯光才等,2008)。以此导水系数数据为参考,模型中的导水系数依据监测井水位进行识别和验证。

5)弹性储水率

研究区奥灰水非稳定流试验较少,弹性储水率参考前人研究成果,介于 0.841×10^{-6}~0.852×10^{-6} 之间。同样,以此数据为参考,模型中的弹性储水率依据监测井水位进行识别和验证。

6)初始流场

研究区非稳定流模型起始时间为 1975 年,而 1975 年缺乏奥灰水水位监测数据,该时期人类活动对奥灰水的影响较小,奥灰水的流场处于近天然状态。因此,可通过稳定流模拟获得研究区初始流场,并通过矿区桑树坪煤矿、马沟渠煤矿突水点水位对初始流场进行校正,获得校正后的初始流场。因此,将稳定流模拟的初始流场作为整个奥灰含水层的初始流场(图 4.5)。

4.3.2 模型的识别与验证

在水文地质概念模型和数学模型的基础上建立了数值模型,数值模型是对实际地下水流系统的数值刻画。数值模型中的参数是在水文地质调查的基础上获得的,而水文地质调查是以点为单位展开的,例如,抽水试验

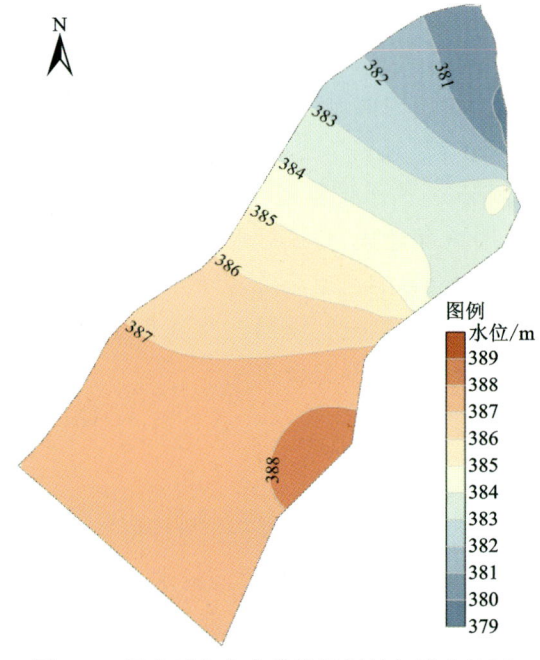

图 4.5 研究区稳定流模拟识别的初始流场图

所求得的水文地质参数是以抽水井为中心一定范围内的含水层水文地质参数的平均值,而多数条件下抽水试验的数量和影响范围是非常有限的。因此,将水文地质调查所取得的参数输入模型并以此来计算水位(或水量)是不够准确的,需要用实际监测的水位(或水量)数据来对数值模型中的水文地质参数进行识别,即当模型计算的水位(或水量)与实际监测值有较大差值时,调整模型的参数以使其计算的水位(或水量)接近实测值,该调参过程称为模型的识别。当数值模型中的参数被识别之后,需要验证以该参数为基础的模型是否能够代表实际地下水流系统,因此,选取识别期后的某段模拟期,将该时段内模型计算的水位(或水量)与实测的水位(或水量)进行比对,如果两者较为接近,说明被识别的模型参数通过了验证,可利用验证后的模型参数进行水位(或水量)的预测。否则,需要重新对模型的参数进行识别与验证,直至准确识别并通过验证。

1)模型的识别

本次模型识别期为1975—1990年,模型计算采用相对时间,即从第0d至第5479d。选择桑树坪煤矿皮带斜井、象山煤矿沟外排矸井及韩城电厂水源地观测井的水位监测数据用于模型的识别,将该段时间内模型计算的水位与实际监测水位进行拟合,通过不断调整含水层边界条件、渗透系数、储水系数、源汇项等,使模型计算的水位动态与实际水位动态特征基本一致。一般情况下,观测值与模拟计算值的拟合误差应当小于拟合期水位变化值的10%。韩城矿区识别期观测孔水位拟合误差范围见表4.2。模型识别期实际观测水位与模型计算水位拟合情况见图4.6~图4.8,可以看出,模型计算水位动态与实测水位变化趋势基本一致,且拟合误差基本满足规范要求。

表4.2　识别期(1975—1990年)观测井奥灰水水位拟合误差范围

观测井	最小值/m	最大值/m	极差/m	拟合误差范围/m
桑树坪煤矿皮带斜井	374	382	8	0~0.8
象山煤矿沟外排矸井	360.7	382	21.3	0~2.13
韩城电厂水源地观测井	359.7	375.2	15.5	0~1.55

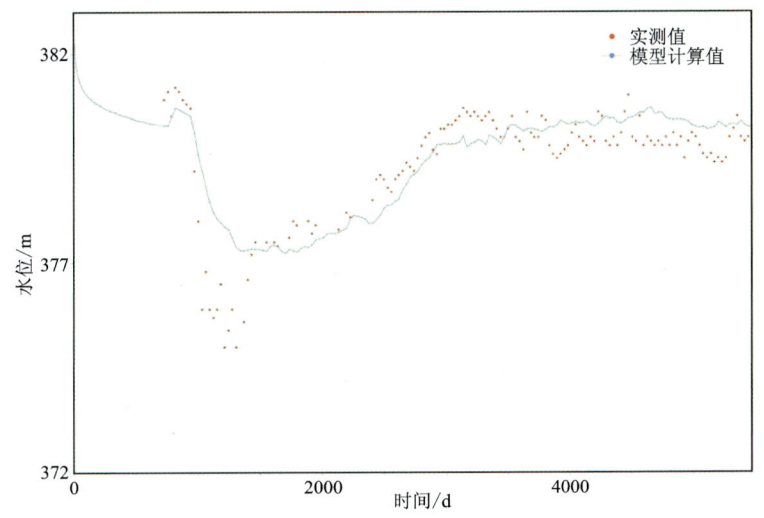

图4.6　桑树坪煤矿皮带斜井识别期(1975—1990年)奥灰水水位拟合曲线

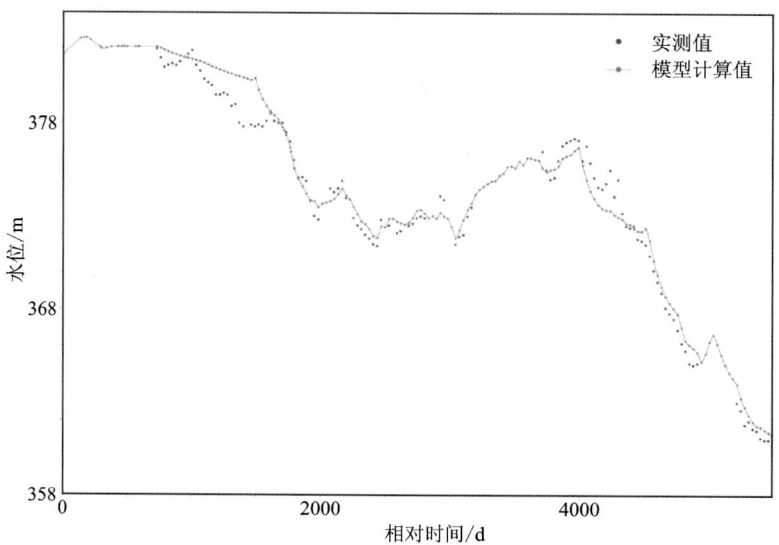

图 4.7　象山煤矿沟外排矸井识别期(1975—1990 年)奥灰水水位拟合曲线

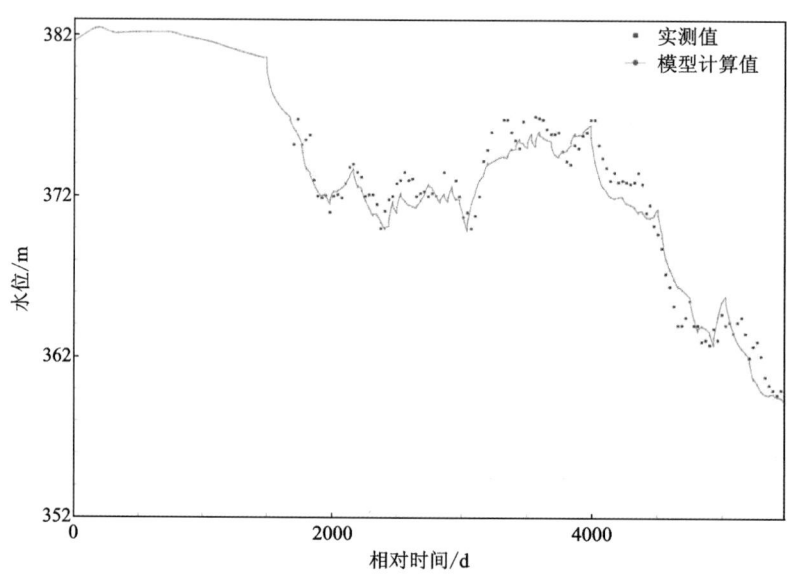

图 4.8　韩城电厂水源地观测井识别期(1975—1990 年)奥灰水水位拟合曲线

由模型识别期检验结果(表 4.3)可以看出,模型识别期 3 个观测井均方根偏差(RMS)分别为 0.830m、0.881m、1.219m,标准均方根分别为 13.003%、4.138%、7.046%,相关系数分别为 0.816、0.888、0.873,其中桑树坪观测井除 1977 年黄河揭底导致水位变化过大、拟合程度较差外,其余时间段基本满足拟合误差。模拟区满足拟合误差的观测数据均达到 80% 以上(表 4.4),说明调整后的参数基本符合实际水文地质条件,识别后的水文地质参数分区见图 4.9,分区值见表 4.5。

4 奥灰水动力场演化规律

表 4.3 识别期(1975—1990 年)观测井奥灰水水位拟合效果分析

观测井	均方根偏差/m	标准均方根/%	相关系数(R^2)	绝对平均误差/m
桑树坪煤矿皮带斜井	0.830	13.003	0.816	0.449
象山煤矿沟外排矸井	0.881	4.138	0.888	0.686
韩城电厂水源地观测井	1.219	7.046	0.873	1.008

表 4.4 识别期(1975—1990 年)观测井奥灰水水位拟合误差占比分析

观测井	桑树坪煤矿皮带斜井		象山煤矿沟外排矸井		韩城电厂水源地观测井	
拟合误差/m	≤0.8	>0.8	≤2.13	>2.13	≤1.55	>1.55
观测节点数/个	117	21	116	5	104	25
比例/%	84.8	15.2	95.8	4.2	80.6	19.4

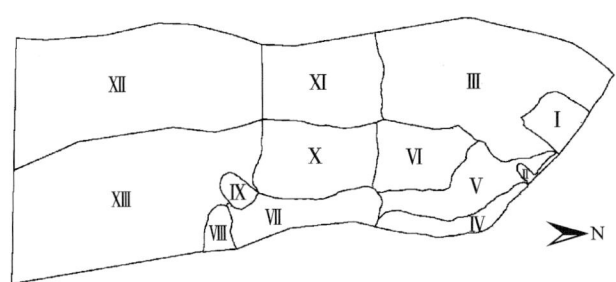

图 4.9 模型识别后的水文地质参数分区图

表 4.5 模型识别后的水文地质参数分区值

参数分区	渗透系数/(m·d^{-1})	给水度(S_y)	储水率(S_s)/m^{-1}
Ⅰ	17.480	0.020	10^{-5}
Ⅱ	150.000	0.200	10^{-5}
Ⅲ	1.500	/	10^{-5}
Ⅳ	3.500	/	10^{-5}
Ⅴ	9.140	/	10^{-3}
Ⅵ	3.500	0.075	10^{-3}
Ⅶ	9.800	0.160	10^{-5}
Ⅷ	10.010	0.075	10^{-5}
Ⅸ	0.767	/	10^{-5}
Ⅹ	5.250	/	10^{-5}
Ⅺ	5.000	/	10^{-5}
Ⅻ	4.000	/	10^{-5}
ⅩⅢ	4.600	/	10^{-5}

2)模型的验证

在对研究区数值模型参数进行识别的基础上,还需对其进行验证,将模型的验证期设定为1991—2022年(相对时间为第5479~17 167d),共11 688d。将S37水位长观孔和桑树坪奥灰水水位长观孔(SSPGC)作为模型1991—2011年(相对时间为第5479~13 149d)奥灰水水位的验证孔;将J167水文长观孔和桑树坪煤矿报废斜井作为模型2012—2022年(相对时间第13 149~17 167d)奥灰水水位的验证孔。S37和J167位于南区,用于验证南区的模型参数;桑树坪奥灰水水位长观孔和报废斜井位于北区,用于验证北区的模型参数。

(1)1991—2011年验证阶段。对验证期模型计算水位与实测水位的允许误差范围进行计算(表4.6)。模型计算的奥灰水水位动态与实测水位变化趋势基本一致(图4.10、图4.11),93.8%的水位节点满足拟合误差(表4.7);桑树坪水位长观孔所在位置模型计算水位与实测水位在个别节点差别较大(图4.10),但整体的水位变化趋势与实测水位基本一致,83.6%的水位节点满足拟合误差(表4.7)。总体来看,S37和桑树坪奥灰水水位长观孔的拟合度均大于0.8(表4.8)。

表4.6 验证期(1991—2011年)观测井奥灰水水位拟合误差范围

观测井	最小值/m	最大值/m	极差/m	拟合误差范围/m
S37	354.39	364.67	10.28	0~1.03
SSPGC	374.85	380.45	5.60	0~0.56

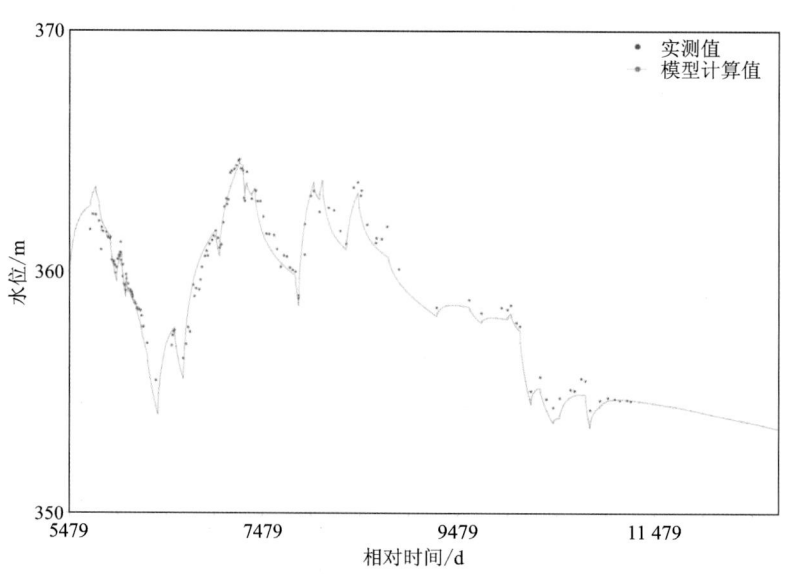

图4.10 S37水位长观孔验证期(1991—2011年)奥灰水水位拟合曲线

(2)2012—2022年验证阶段。将J167水文长观孔和桑树坪煤矿报废斜井作为模型2012—2022年(相对时间13 149~17 167d)奥灰水水位的验证孔,对验证期模型计算水位与实测水位的允许误差范围进行了计算(表4.9)。

4 奥灰水动力场演化规律

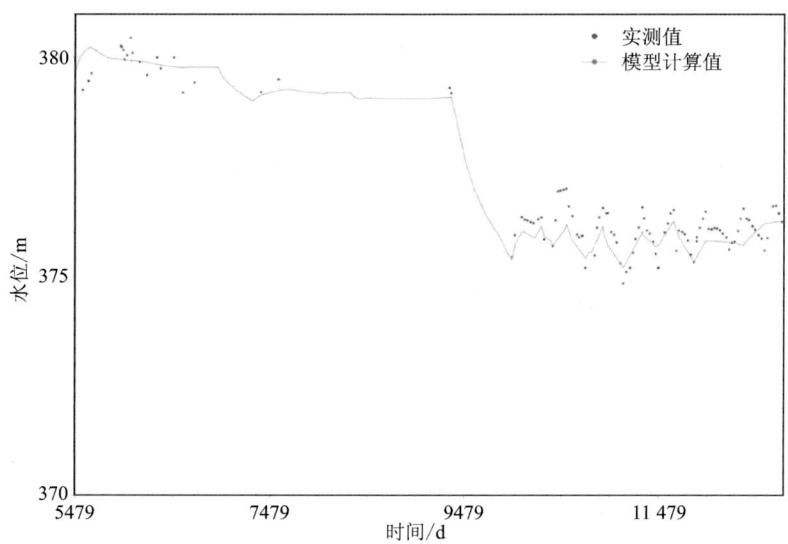

图 4.11 桑树坪水位长观孔验证期(1991—2011 年)奥灰水水位拟合曲线

表 4.7 验证期(1991—2011 年)观测井奥灰水水位误差占比分析

观测井	S37		SSPGC	
拟合误差 R/m	≤1.04	>1.04	≤0.56	>0.56
观测节点数/个	153	10	92	18
比例/%	93.8	6.2	83.6	16.4

表 4.8 验证期(1991—2011 年)观测井奥灰水水位拟合效果分析

观测井	均方根偏差/m	标准均方根/%	R^2	绝对平均误差/m
S37	0.501	4.827	0.882	0.394
SSPGC	0.409	7.311	0.873	0.331

表 4.9 验证期(2012—2022 年)观测井奥灰水水位拟合误差范围

观测井	最小值/m	最大值/m	极差/m	拟合误差范围/m
J167	365.69	371.72	6.03	0~0.603
桑树坪报废斜井	365.47	374.2	8.73	0~0.873

J167 水文长观孔位于南区象山矿井，象山矿井主采 3# 和 5# 煤层，因奥灰水对其威胁较小，奥灰水水位观测数据偏少。从模型计算水位与实测水位拟合曲线(图 4.12)可以看出，前期水位动态变化不大时拟合较好，后期水位波动阶段拟合效果一般。为了进一步对 2012—2022 年阶段前期的水位进行验证，收集了 2013 年象山矿井北一采区放水试验实测奥灰水水位(355~366m)(表 4.10)，模型计算水位与该水位接近。但由于监测数据不完整、不连续，整

体上模型计算水位与实测水位相关性较弱($R^2=0.461$)(表 3.10),2012—2022 年 J167 水文长观孔有 77% 的节点满足拟合误差。

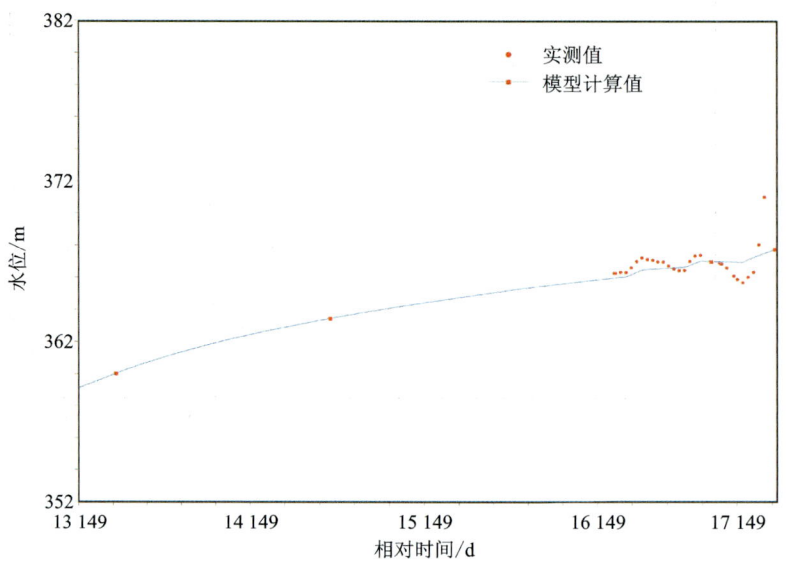

图 4.12　J167 观测井验证期(2012—2022 年)奥灰水水位拟合曲线

表 4.10　象山矿井北一采区 2013 年放水试验钻孔奥灰水水位监测数据

观测孔	X	Y	放水点高程/m	检测时间	水位/m
B1	19 445 510.00	3 930 695.10	272.00	2013/5/26	355.58
B2	19 444 314.63	3 930 058.44	204.08	2013/5/26	365.52
B3	19 443 700.41	3 930 200.15	152.26	2013/5/26	362.63
B4	19 443 709.03	3 930 749.00	196.36	2013/5/26	360.37
B5	19 443 715.30	3 931 556.00	192.21	2013/5/26	366.21
B6	19 444 638.46	3 931 557.52	262.37	2013/5/26	365.76

需要补充说明的是,J167 奥灰水水位监测数据显示奥灰水水位处于缓慢恢复过程,说明韩城电厂关闭后,开采量大幅减小,在大气降水、河流入渗补给以及区域侧向补给作用下,奥灰水水位处于逐步恢复状态。

桑树坪煤矿报废斜井模型计算水位与实测水位拟合曲线见图 4.13。从表 4.11 可以看出,有 85.7% 的节点满足拟合误差,拟合效果较好,$R^2=0.912$(表 4.12)。

综上所述,模型识别期水位监测数据较为连续,拟合效果较好,而模型验证期 J167 水位监测孔数据不连续,导致该孔拟合精度不高,但整体上 86% 的水位监测钻孔拟合精度大于 85%,可认为数值模型预测精度能够达到 85%。

4 奥灰水动力场演化规律

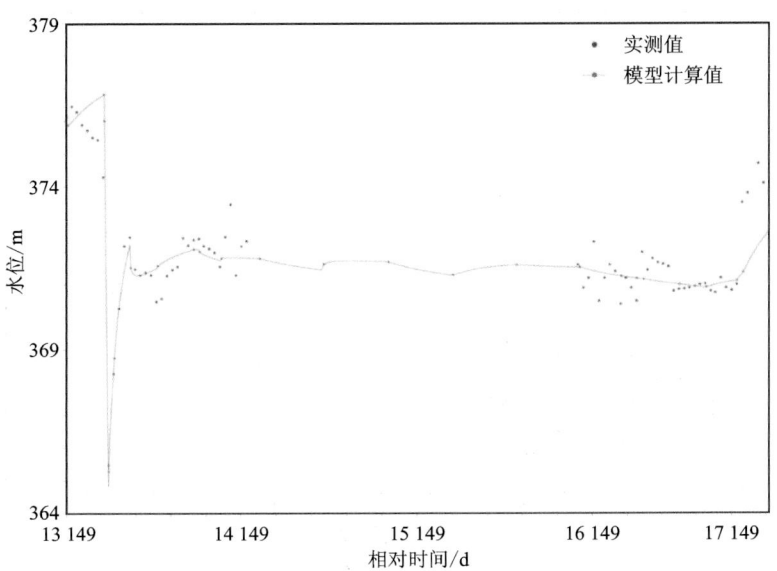

图 4.13 桑树坪报废斜井验证期(2012—2022 年)奥灰水水位拟合曲线

表 4.11 验证期(2012—2022 年)观测井奥灰水水位误差占比分析

观测井	J167		桑树坪报废斜井	
拟合误差 R/m	≤0.603	>0.603	≤0.893	>0.893
观测节点数/个	23	6	60	10
比例/%	77	23	85.7	14.3

表 4.12 验证期(2012—2022 年)观测井奥灰水水位拟合效果分析

观测井	均方根偏差/m	标准均方根/%	R^2	绝对平均误差/m
J167	0.833	15.633	0.461	0.539
桑树坪报废斜井	0.781	7.110	0.912	0.531

3)识别期和验证期水位拟合曲线

对 1975—2022 年北区和南区的实际水位监测值和模型计算值进行整理,绘制水位拟合曲线(图 4.14、图 4.15)。

从图 4.14 可以看出,北区 3 个水位监测孔的动态特征基本一致,主要有 3 个水位下降阶段,第一阶段(第 1000d 前后)水位下降至 375m,主要原因是 1977 年黄河上游的洪水造成黄河揭底,奥灰水补给黄河造成水位大幅下降,1977 年后水位快速恢复至 380m 以上;第二阶段(第 9300d 前后,即 2000 年)水位开始快速下降,降至 376m 后稳定,2000 年桑树坪煤矿并未发生突水,因此水位下降可能与北区工矿企业大规模开采奥灰水相关;第Ⅲ阶段(第 13 400d 前后)水位开始急剧下降,与 2011 年禹昌煤矿特大突水事故相对应,水位降至约 365m,突水点封堵后水位快速回升至 372m,之后在 372m 附近波动(±2m),且略有下降,于 16 000d(2018 年)后继续回升,对应于 2018 年桑树坪煤矿对永久突水点的治理。

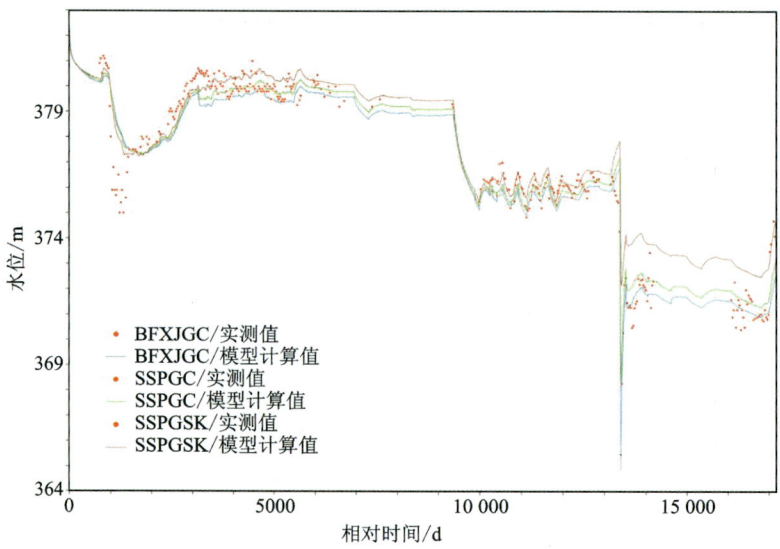

图 4.14　韩城矿区北区桑树坪煤矿 1975—2022 年奥灰水演化曲线

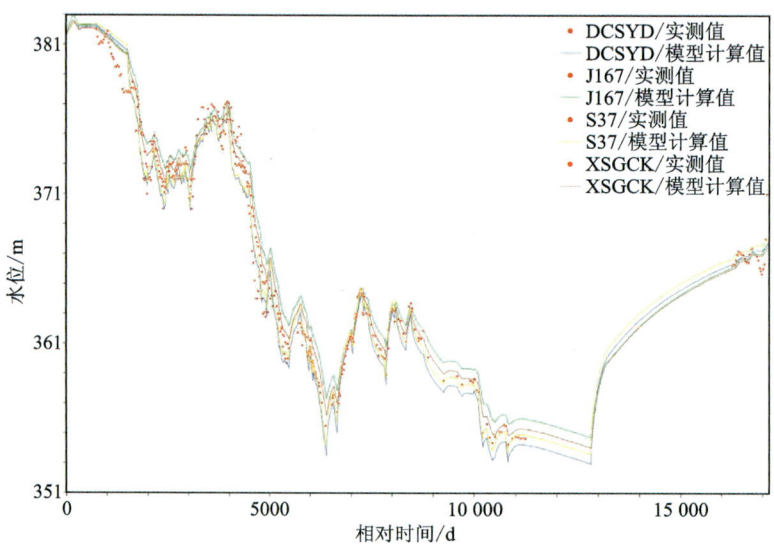

图 4.15　韩城矿区南区象山煤矿 1975—2022 年奥灰水演化曲线

从图 4.15 可以看出,南区 3 个水位监测孔的动态特征基本一致,同样有 3 个水位下降阶段,相比于北区,南区水位下降后的稳定阶段较短,水位呈现波动式下降和波动式回升。南区奥灰水第一阶段(第 1500d 前后)开始波动式下降,降至 371m,对应于 1979 年韩城电厂投产,供水井开始抽采奥灰水,于 3000d 后开始小幅回升,回升至 374m,对应于 1983 年的大量降雨(957.3mm);第二阶段(第 4000d 前后)水位开始快速阶梯式下降,对应于韩城电厂抽水量的增加,至第 6300d(1991 年)前后降至最低,水位约 352m;第三阶段对应于第 7200d(1993 年)前后水位阶梯式短暂回升至 368m,又阶梯式下降,于近第 13 000d 降至最低(353m),对应于韩城电厂关闭(2010 年)前,之后水位开始快速回升,于第 17 000d 后升至 374m。

4.4 奥灰水流场演化规律

4.4.1 不同阶段水均衡分析

通过实测水位对数值模型的参数进行识别和验证后,认为该数值模型基本上可以代表研究区实际水文地质条件,因此利用模型对不同模拟期的水均衡进行计算。由于模型的模拟期较长,依据奥灰水开发利用阶段将总的模拟期划分为 4 个阶段,分别为第Ⅰ阶段(1975 年 1 月—1979 年 2 月)、第Ⅱ-1 阶段(1979 年 3 月—1982 年 2 月)、第Ⅱ-2 阶段(1982 年 3 月—2010 年 12 月)、第Ⅲ阶段(2011 年 1 月—2021 年 12 月)。

1)第Ⅰ阶段(1975 年 1 月—1979 年 2 月)水均衡分析

研究区在第Ⅰ阶段(1975 年 1 月—1979 年 2 月)的水均衡计算结果见表 4.13,可知年均总补给量为 1 297.18 万 m^3/a,其中降水入渗补给量为 418.14 万 m^3/a,河流渗漏补给量为 776.21 万 m^3/a,侧向径流补给量为 102.83 万 m^3/a,分别占总补给量的 32.23%、59.84% 和 7.93%;年均总排泄为 1 720.03 万 m^3/a,地下水开采量为 488.19 万 m^3/a,蒸发量为 478.68 万 m^3/a,排泄至河流量为 334.61 万 m^3/a,侧向流出量为 418.55 万 m^3/a,分别占总排泄量的 28.38%、27.83%、19.45% 和 24.34%;年均均衡差为 −422.85 万 m^3/a。该阶段呈现年度负均衡的原因主要是桑树坪、马沟渠煤矿均发生较大突水事故,以及黄河 1977 年揭底事件,使地下水年平均排泄量较大。

表 4.13 研究区第Ⅰ阶段(1975 年 1 月—1979 年 2 月)数值模拟奥灰水水均衡表

源汇项	补给量/(万 $m^3 \cdot a^{-1}$)	占比/%	排泄量/(万 $m^3 \cdot a^{-1}$)	占比/%	均衡差(流入−流出)/(万 $m^3 \cdot a^{-1}$)
含水层储水量	874.29	—	451.39	—	422.90
人为排泄	—	—	488.19	28.38	−488.19
降水入渗补给	418.14	32.23	0	0	418.14
蒸发量	0	0	478.68	27.83	−478.68
河流渗漏	776.21	59.84	334.61	19.45	441.60
通用水头边界流量	102.83	7.93	418.55	24.34	−315.72
模型年均合计	2 171.46	—	2 171.42	—	0.04
天然补排量合计	1 297.18	—	1 720.03	—	−422.85

2)第Ⅱ-1 阶段(1979 年 3 月—1982 年 2 月)水均衡分析

研究区在第Ⅱ-1 阶段(1979 年 3 月—1982 年 2 月)的水均衡计算结果见表 4.14,可知年均总补给量为 1 594.00 万 m^3/a,其中降水入渗补给量为 525.39 万 m^3/a,河流渗漏补给量为 815.02 万 m^3/a,侧向径流补给量为 253.59 万 m^3/a,分别占总补给量的 32.96%、51.13% 和 15.91%;年均总排泄量为 2 182.96 万 m^3/a,地下水开采量为 1 252.43 万 m^3/a,蒸发量为

600.91 万 m³/a,排泄至河流 94.52 万 m³/a,侧向流出量为 235.1 万 m³/a,分别占总排泄量的 57.37%、27.53%、4.33%和 10.77%;年均均衡差－588.96 万 m³/a。该阶段韩城电厂开始供水,人为排泄是主要的地下水排泄方式。

表 4.14　研究区第Ⅱ-1 阶段(1979 年 3 月—1982 年 2 月)数值模拟奥灰水水均衡表

源汇项	流入/(万 m³·a⁻¹)	占比/%	流出/(万 m³·a⁻¹)	占比/%	均衡差(流入－流出)/(万 m³·a⁻¹)
含水层储水量	1 140.47	—	551.55	—	588.92
人为排泄	—	—	1 252.43	57.37	－1 252.43
降水入渗补给	525.39	32.96	—	—	525.39
蒸发量	—	—	600.91	27.53	－600.91
河流渗漏	815.02	51.13	94.52	4.33	720.50
通用水头边界流量	253.59	15.91	235.10	10.77	18.49
模型年均合计	2 734.47	—	2 734.51	—	－0.04
天然补排量合计	1 594.00	—	2 182.96	—	－588.96

3)第Ⅱ-2 阶段(1982 年 3 月—2010 年 12 月)水均衡分析

研究区在第Ⅱ-2 阶段(1982 年 3 月—2010 年 12 月)的水均衡计算结果见表 4.15,可知年均总补给量为 2 168.38 万 m³/a,其中降水入渗补给量为 460.23 万 m³/a,河流渗漏补给量为 1 433.66 万 m³/a,侧向径流补给量为 274.49 万 m³/a,分别占总补给量的 21.22%、66.12%和 12.66%;年均总排泄 2 616.25 万 m³/a,地下水开采量为 1 863.18 万 m³/a,蒸发量为 518.52 万 m³/a,排泄至河流 54.42 万 m³/a,侧向流出量为 180.13 万 m³/a,分别占总排泄量的 71.21%、19.82%、2.08%和 6.89%;年均均衡差－447.87 万 m³/a。该阶段主要排泄项为韩城电厂抽水,最大抽水量可达 1700m³/h,导致水位大幅下降。

表 4.15　研究区第Ⅱ-2 阶段(1982 年 3 月—2010 年 12 月)数值模拟奥灰水水均衡表

源汇项	流入/(万 m³·a⁻¹)	占比/%	流出/(万 m³·a⁻¹)	占比/%	均衡差(流入－流出)/(万 m³·a⁻¹)
含水层储水量	824.65	—	376.84	—	447.81
人为排泄	—	—	1 863.18	71.21	－1 863.18
降水入渗补给	460.23	21.22	—	—	460.23
蒸发量	—	—	518.52	19.82	－518.52
河流渗漏	1 433.66	66.12	54.42	2.08	1 379.24
通用水头边界流量	274.49	12.66	180.13	6.89	94.36
模型年均合计	2 993.03	—	2 993.09	—	－0.06
天然补排量合计	2 168.38	—	2 616.25	—	－447.87

4)第Ⅲ阶段(2011年1月—2021年12月)水均衡分析

研究区在第Ⅲ阶段(2011年1月—2021年12月)的水均衡计算结果见表4.16,可知年均总补给量为2 552.64万 m³/a,其中降水入渗补给量为443.52万 m³/a,河流渗漏补给量为1 598.03万 m³/a,侧向径流补给量为511.09万 m³/a,分别占总补给量的17.38%、62.60%和20.02%;年均总排泄2 566.32万 m³/a,地下水开采量为2 090.49万 m³/a,蒸发量459.25万 m³/a,侧向流出量为16.58万 m³/a,分别占总排泄量的81.46%、17.89%和0.65%;年均均衡差-13.68万 m³/a。该阶段虽然2011年禹昌煤矿发生特大突水事故,水位大幅下降,但由于北区靠近黄河,补给充足,且南部因电厂关闭,水位得以缓慢恢复,因此全区整体处于正均衡状态。

表4.16 研究区第Ⅲ阶段(2011年1月—2021年12月)数值模拟奥灰水水均衡表

源汇项	流入/(万 m³·a⁻¹)	占比/%	流出/(万 m³·a⁻¹)	占比/%	均衡差(流入-流出)/(万 m³·a⁻¹)
含水层储水量	561.11	—	447.34	—	113.77
人为排泄	—	—	2 090.49	81.46	-2 090.49
降水入渗补给	443.52	17.38	—	—	443.52
蒸发量	—	—	459.25	17.89	-459.25
河流渗漏	1 598.03	62.60	—	—	1 598.03
通用水头边界流量	511.09	20.02	16.58	0.65	494.51
模型年均合计	3 113.75	—	3 113.66	—	0.09
天然补排量合计	2 552.64	—	2 566.32	—	-13.68

从以上不同阶段的水均衡组成和数量可以看出,从第Ⅰ阶段到第Ⅲ阶段,随着人工排泄量的增加,天然补给量(河流渗漏量和侧向补给量)持续增加,而天然排泄量(蒸发和侧向排泄)持续减小,主要以人为开采或涌(突)水进行排泄;降水入渗补给量受人为开采影响不大;随着奥灰水水位持续降低,蒸发量逐渐减小。高强度开采奥灰水和矿井涌(突)水改变了奥灰水的补径排条件,增大了地表水与奥灰水以及局部与区域奥灰水之间的水力联系。

4.4.2 奥灰水流场演化特征

1)流场演化

采用数值模型对奥灰水开发利用阶段中几个重要时间节点的流场进行模拟,见图4.16。其中,图4.16a为1975年模型的初始流场,从图中可以看出西南部奥灰水水位高,东北部奥灰水水位低,奥灰水由南西向北东径流,向东北侧黄河排泄。图4.16b为1979年的流场,代表韩城电厂刚开始运营阶段的流场,可以看出奥灰水水位西南高、东北低,但在韩城电厂形成了小范围的水位降落漏斗。图4.16c代表了韩城电厂运营3年后(1982年)的流场,可以看出韩城电厂所在位置的奥灰水水位降落漏斗面积扩大,漏斗中心水位降深约12m,导致北区奥灰水水位略有下降。图4.16d代表了韩城电厂关闭时(2010年)的奥灰水流场,此时韩城电厂的奥灰地下水降落漏斗几乎扩展到了整个南区,漏斗中心水位约353m,北区奥灰水水位也整体下降,推测其原因是北区奥灰水开采量增加的同时南区的漏斗也扩展到了北区。图4.16e代表了2011年禹昌煤矿"8·7"突水事故后的奥灰水流场,从图中可以看出北区以禹昌煤矿为中心形成了降落漏斗,漏斗中等值线非常密集,说明水位降幅大、降速快,符合突水所形成的流场特征;而南区的降落漏斗与2010年相比基本无变化。图4.16f代表2021年末的奥灰水流场,从图中可以看出北区的降落漏斗经过10年的补给已经恢复,但北区奥灰水水位整体仍处于下降状态;南区的降落漏斗仍然存在,但漏斗中心的水位回升了近10m,为363m。

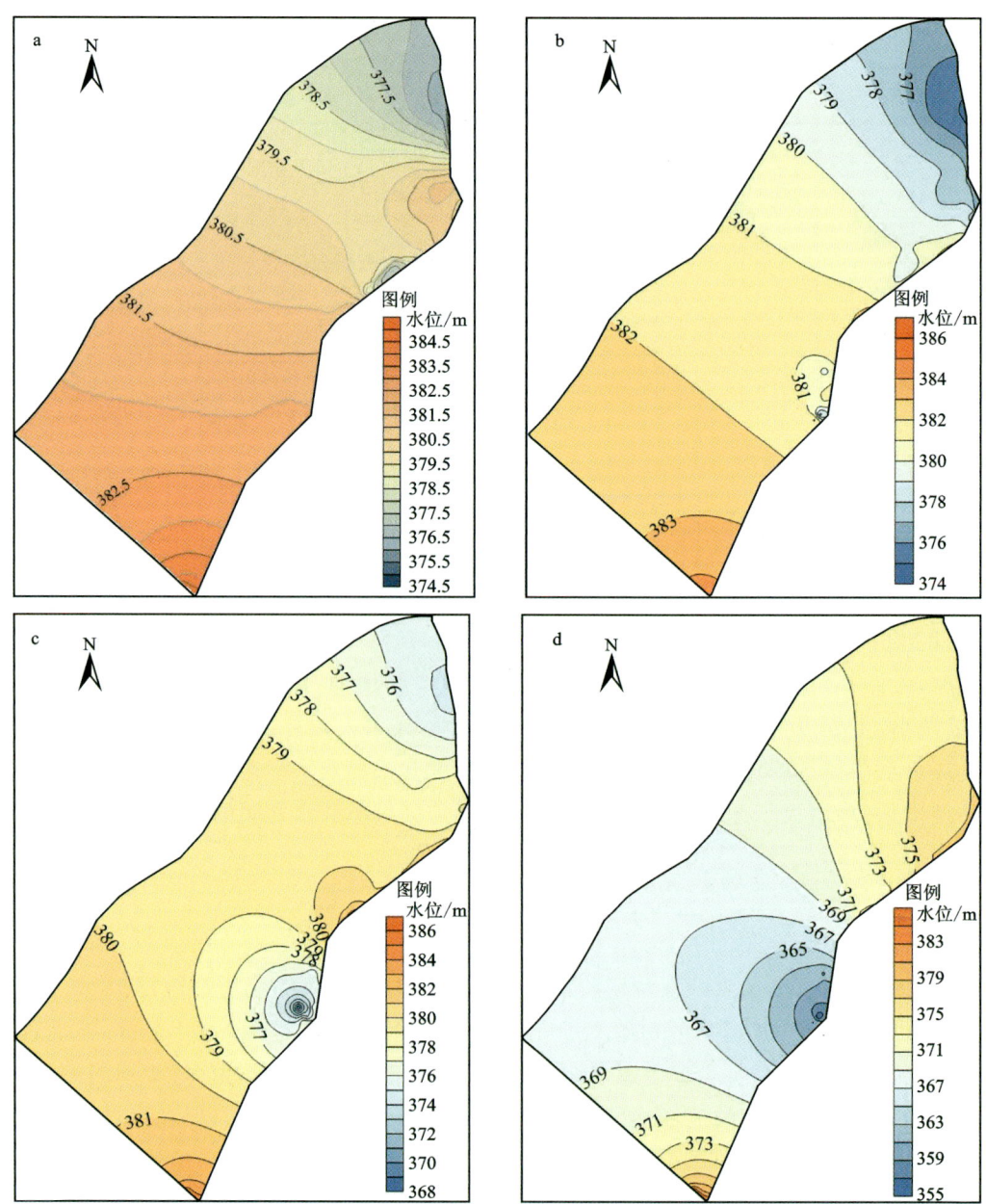

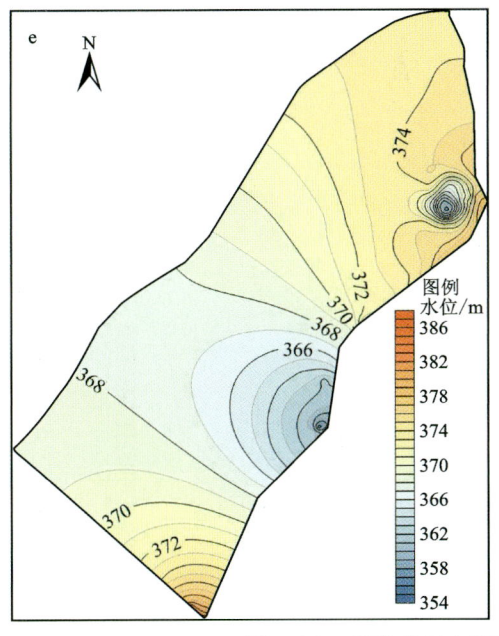
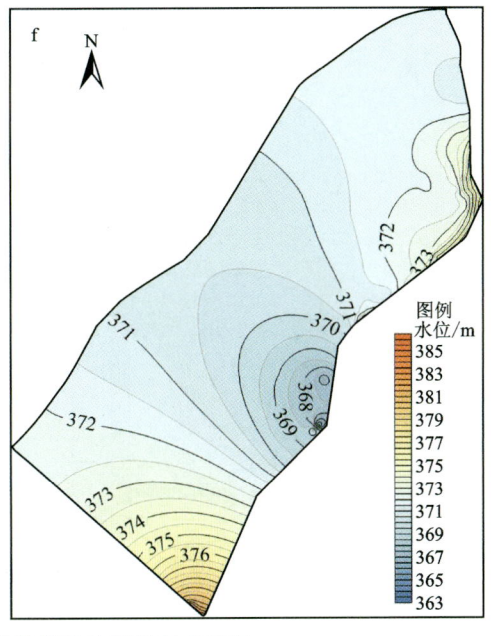

图 4.16 韩城矿区主要模拟期模型计算奥灰水流场

a.1975 年末模型计算奥灰水流场；b.1979 年 2 月末模型计算奥灰水流场；c.1982 年 2 月末模型计算奥灰水流场；
d.2010 年末模型计算奥灰水流场；e.2011 年末模型计算奥灰水流场；f.2021 年末模型计算奥灰水流场。

综上所述，奥灰水的流场演变与奥灰水的长期开采和矿井涌（突）水密切相关，而大气降水和河流渗漏对整体流场的演变影响较小。

2）水位降深

为了能够更清楚地掌握各阶段奥灰水水位的降幅，绘制了与流场时间节点相对应的奥灰水水位降深图（图 4.17）。

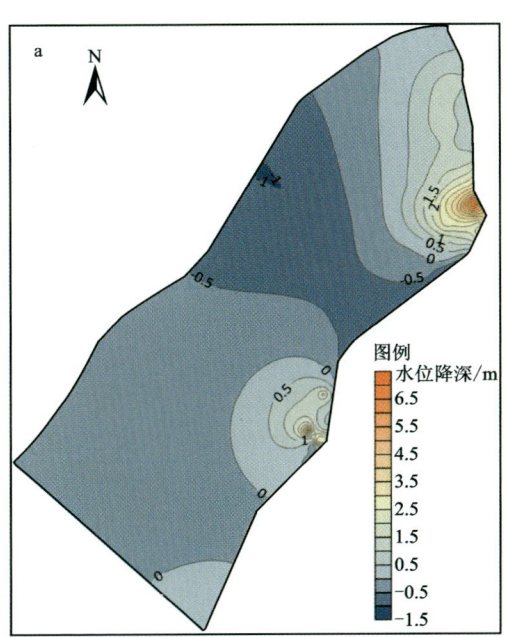
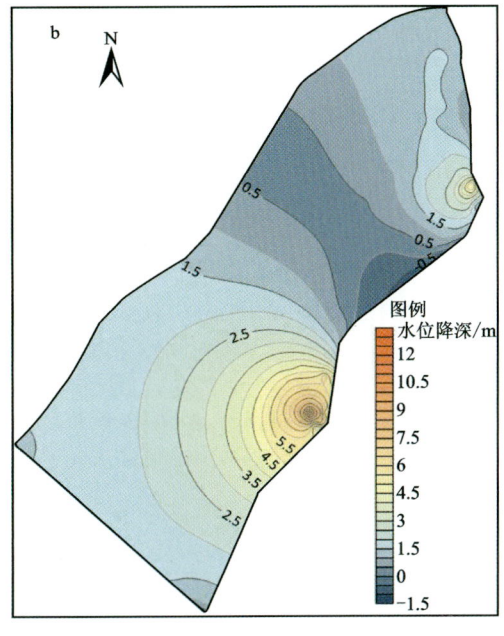

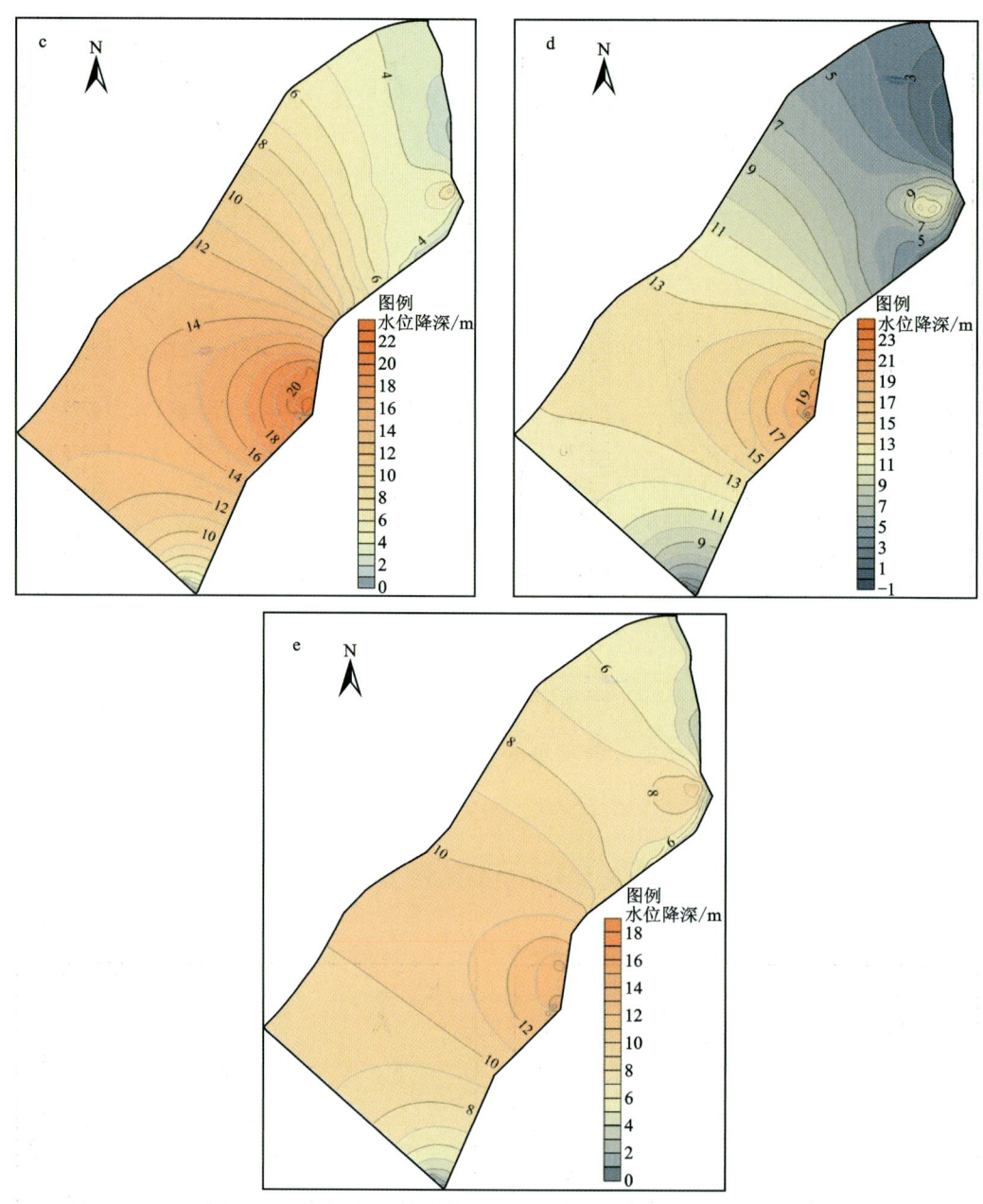

图 4.17 韩城矿区主要模拟期模型计算奥灰水水位降深图

a.1979 年 2 月末模型计算奥灰水水位降深;b.1982 年 2 月末模型计算奥灰水水位降深;c.2010 年末模型计算奥灰水水位降深;d.2011 年末模型计算奥灰水水位降深;e.2021 年末模型计算奥灰水水位降深。

图 4.17a 显示 1979 年 2 月在北区和南区均有小范围的奥灰水降落漏斗,南区奥灰水的降落漏斗由马沟渠矿和象山矿在 1975 年和 1976 年的突水以及韩城电厂的小规模抽水造成;而北区的地下水水位降落漏斗主要由 1977 年黄河揭底,奥灰水因补给黄河而大幅下降,加之桑树坪矿在 1975—1979 年间发生了 8 次奥灰突水事故,导致北区 1979 年底奥灰水形成了降落漏斗。

图 4.17b 显示 1982 年 2 月北区奥灰水水位降落漏斗范围和降深都有减小,推测其主要原因是黄河水位恢复之后,奥灰水不再向黄河补给,进而接受区域奥灰水补给使得降落漏斗有大幅回升;而南区奥灰水水位降落漏斗扩大,主要是由于韩城电厂投产后对奥灰水的抽采量增大。

图 4.17c 显示 2010 年末北区小的降落漏斗仍然存在,主要是因为桑树坪煤矿存在 2 个永久出水点;但漏斗中心水位降深没有增大,而北区整体水位有所下降,主要是因为南区奥灰水水位整体大幅下降,降落漏斗范围不断扩大,导致北区水位也受到影响,同时北区工业用水量的增加也是其水位整体下降的原因之一。

图 4.17d 显示,由于 2011 年禹昌煤矿"8·7"突水事故造成北区形成了以禹昌煤矿为中心的降落漏,漏斗范围和降深均较 2010 年增大;而南区的降落漏斗范围小幅收缩,水位略有回升,主要原因是韩城电厂关闭,不再对奥灰水进行高强度开采。

图 4.17e 显示,2021 年末相比于 2011 年末,北区奥灰水水位整体仍有小幅度的下降,说明 2011—2021 年间对北区奥灰水的开采强度较大,而南区降落漏斗仍然存在,但水位有所回升,整体上北区和南区奥灰水水位降幅差缩小。

4.4.3 奥灰水流场预测

为了获得未来 5 年研究区奥灰水流场的变化特征,采用数值模型对韩城矿区 2022—2026 年(相对时间为第 17 168～18 993d)奥灰水流场进行预测。初始流场采用模型计算的 2021 年 12 月底的流场,边界条件保持不变,源汇项(主要包括降雨量和黄河水位)需要进行预测再输入数值模型。

4.4.3.1 源汇项预测

因年降水量与黄河水位数据规律性不强,故采用蒙特卡罗法对研究区未来 5 年降水量和黄河水位进行预测。

蒙特卡罗法(Monte Carlo,简称 MC)是根据概率论对随机变量进行概率模拟、统计试验,从而近似求解出预测值的一种方法,又称概率统计法(Garda-Alonso et al.,2012)。它是根据现有数据,建立适当的概率模型,通过对模型的抽样试验得出参数的统计特征,最后求出具有特定期望值的近似解(朱海宾,2010)。蒙特卡罗法的原理:①假设变量 X 服从某一概率分布,$Y=f(X_1,X_2,\cdots,X_n)$ 为未知函数。②随机抽取自变量 x_1 带入函数式,求出函数值 y_1。③反复抽样多次,计算出函数 Y 的数值,$y_1,y_2,\cdots,y_m$。当模拟次数足够多时,即可得出函数 Y 的概率特征。④函数 Y 的期望值即样本均值,Y 精度的统计估计为样本标准差。因研究区年降水序列呈现随机性,据前人研究,采用 P-Ⅲ型分布函数较为合适,基于该分布进行 MC 采样,密度函数表达式见式(4.5)。

$$f(x)=\frac{\beta^{\alpha}}{\Gamma(\alpha)}(x-a_0)^{\alpha-1}e^{-\beta(x-a_0)} \tag{4.5}$$

在水文计算中,一般要求指定概率 P 所对应的随机变量取值 x_p,也就是通过对密度函数曲线进行积分获得累计分布函数,见式(4.6)。

$$P = P(x \geqslant x_p) = \frac{\beta^\alpha}{\Gamma(\alpha)} \int_{x_p}^{\infty} (x-a_0)^{\alpha-1} e^{-\beta(x-a_0)} dx \quad (4.6)$$

$$\alpha = \frac{4}{C_s^2} \quad (4.7)$$

$$\beta = \frac{4}{\overline{x} C_v C_s} \quad (4.8)$$

$$a_0 = \overline{x}\left(1 - \frac{2C_v}{C_s}\right) \quad (4.9)$$

(1)降水量预测：

$$C_v = \sqrt{\frac{\sum_{i=1}^{n}(K_i-1)^2}{n-1}}, K_i = \frac{x_i}{\overline{x}} \quad (4.10)$$

$$C_s = \frac{\sum_{i=1}^{n}(K_i-1)^3}{nC_v^3} \quad (4.11)$$

显然只要确认降水量的均值 $\overline{x}$、变差系数 C_v 及偏差系数 C_s，即可依据上式计算各参数，从而得到分布函数，通过变量替换，求出不同降水量所对应的概率，即对皮尔逊密度方程式进行积分，得到式(4.12)。

$$x_p = (\Phi C_v + 1)\overline{x} = K_p \overline{x} \quad (4.12)$$

其中 K_p 可以通过查询皮尔逊Ⅲ(P-Ⅲ)型曲线的常用模比系数表获取。最终用传统的配线法生成频率曲线适配结果，见图4.18。

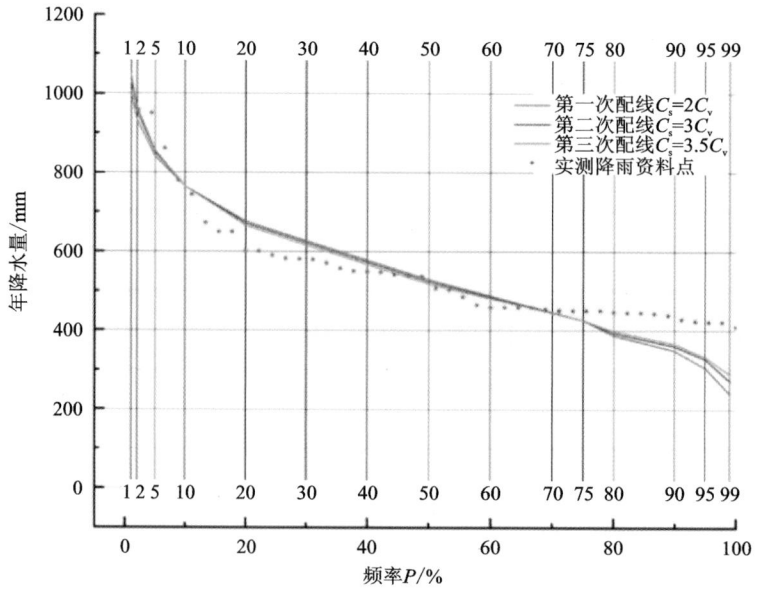

图4.18 水文频率原始配线法配线结果

从图4.18可以看出，生成的频率曲线与实测值还存在一定误差，故采用MATLAB对该模型利用最小二乘法进行优化。分别计算不同频率的设计值、计算经验频率和理论频率，以及相应的变差系数和偏差系数($C_v=0.2468$,$C_s=1.655$),获得对应的分布函数,从而求出计算值。再采用lsqcurvefit模块(最小二乘法求解非线性曲线拟合)进行拟合,拟合结果见图4.19,RMSE=0.0391。拟合结果显示,P-Ⅲ型曲线可以模拟样本的分布特征。

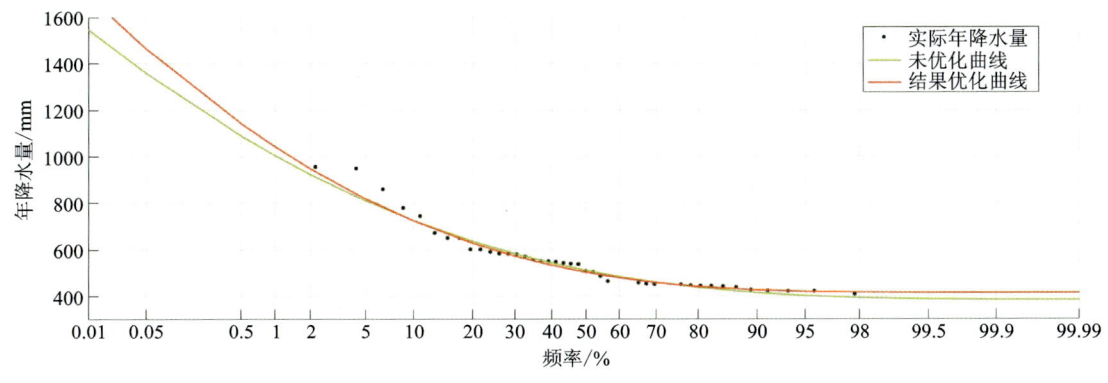

图4.19　水文频率最小二乘优化法降水量配线结果

因P-Ⅲ型分布属于伽玛分布,故通过对伽马分布的参数估计解决P-Ⅲ型分布统计参数,为使模型数据可靠,首先利用rand函数产生(0,1)区间的随机数,利用式(4.12)产生大量随机降水序列值,并利用MAE(平均绝对误差)以及R^2进行检验,选取MAE最小及R^2较为符合的一组作为预测结果。

由图4.20可以看出,随机模拟出的新降水序列与原始序列在趋势上基本符合,其中测试集及检验集模型可解释部分占比分别为60.7%及76%,MAE值为所有随机序列中最低的,模型符合要求,模拟效果良好且序列满足P-Ⅲ型分布,2022—2026年降水量预测值分别为508.72mm、716.33mm、562.49mm、613.45mm和473.88mm(表4.17)。降水量的实测均值与模拟均值分别为545.56m、546.34m,相对误差为0.78m;实测标准差与模拟标准差分别为133.12m、104.6m,相对误差为20.19%。

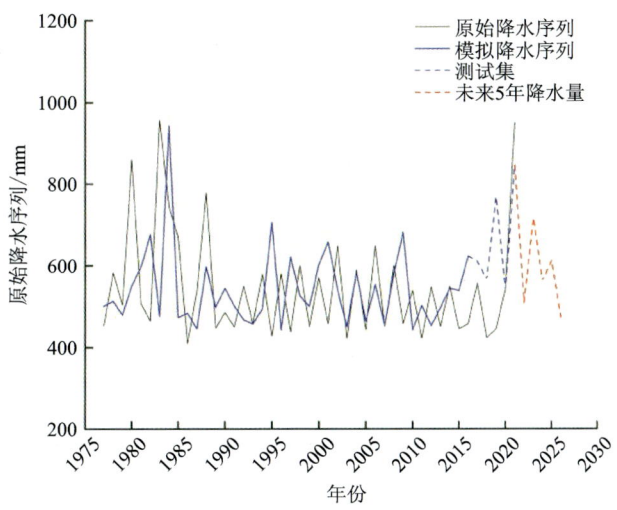

图4.20　蒙特卡罗法随机模拟降水序列对比

表 4.17 降水量实测数据与模拟数据列表

年份	实测降水量/mm	模拟降水量/mm	年份	实测降水量/mm	模拟降水量/mm
1977	453.00	490.59	2002	649.50	529.59
1978	582.50	503.26	2003	420.60	439.49
1979	503.60	468.86	2004	590.40	573.04
1980	861.10	540.27	2005	442.70	453.52
1981	507.40	586.96	2006	649.40	543.23
1982	464.20	666.01	2007	449.70	442.64
1983	957.30	465.92	2008	600.74	572.05
1984	743.60	933.09	2009	457.50	671.68
1985	671.60	462.51	2010	539.40	432.62
1986	408.60	473.78	2011	421.40	491.74
1987	537.00	445.13	2012	547.60	442.78
1988	779.10	587.22	2013	450.60	486.87
1989	446.20	487.49	2014	549.40	533.74
1990	485.20	534.23	2015	444.50	528.31
1991	449.70	491.14	2016	457.50	613.69
1992	550.40	457.06	2017	557.30	601.34
1993	457.50	447.13	2018	423.40	555.45
1994	579.40	483.78	2019	444.80	758.46
1995	427.50	696.01	2020	542.30	529.87
1996	580.40	442.41	2021	950.20	835.27
1997	437.80	621.54	2022		508.72
1998	600.40	525.66	2023		716.33
1999	449.70	489.32	2024		562.49
2000	570.40	592.45	2025		613.45
2001	457.50	657.85	2026		473.88

注:测试集 MAE=108, R^2=0.607;检验集 MAE=123, R^2=0.76。

(2)黄河水位预测:黄河水位数据相对较全,且同样为随机序列,故以同样的方法进行预测,其余河流因水位数据缺乏,仍采用 2021 年前的设置进行模拟。

由 MATLAB 计算出 C_s=0.2931, C_v=0.0043,由此得到配线结果(图 4.21),以及相应的累计曲线,以该分布函数为基础,建立随机序列,采用 MSE(均方误差)以及 R^2 作为验证结果的手段,选取 MSE 较小且 R^2 较大的作为预测序列(图 4.22)。

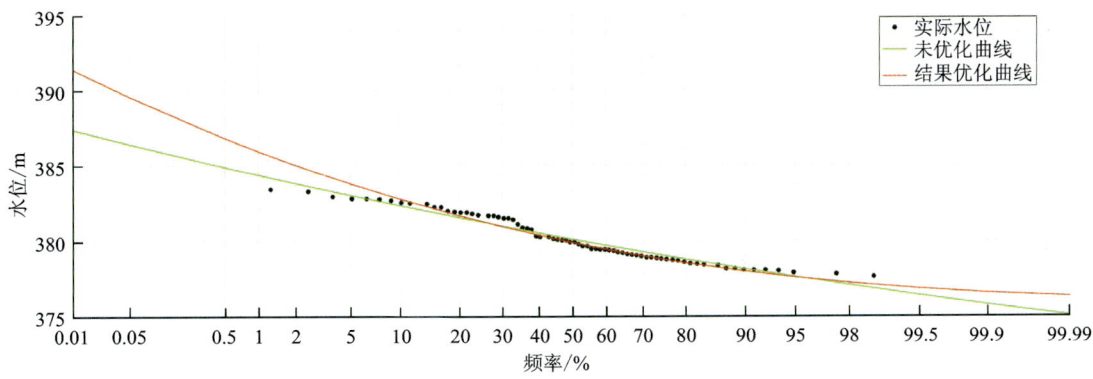

图 4.21 水文频率最小二乘优化法黄河水位配线结果

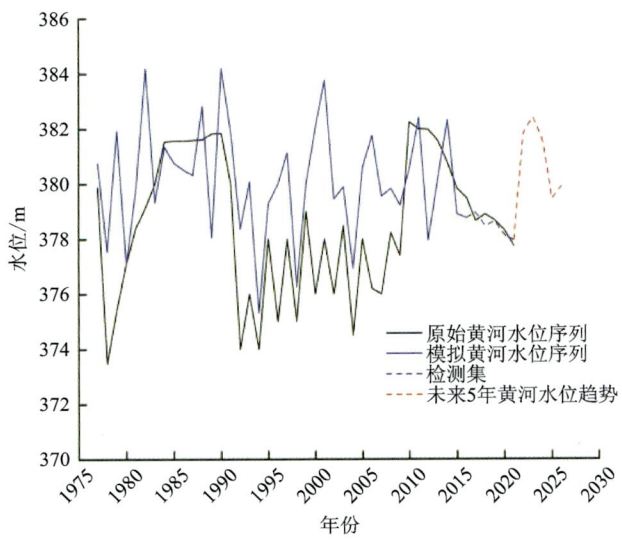

图 4.22 蒙特卡罗法随机模拟黄河水位序列对比

2022—2026 年黄河水位预测值分别为 381.87m、382.42m、381.59m、379.46m 和 379.91m（表 4.18）。黄河水位实测均值与模拟均值分别为 378.51m、379.93m，相对误差为 1.43m；实测标准差与模拟标准差分别为 2.5m、1.94m，相对误差为 22.4%。

表 4.18 黄河水位实测数据与模拟数据列表

年份	实测水位/m	模拟水位/m	年份	实测水位/m	模拟水位/m
1977	379.87	380.73	2002	376.00	379.44
1978	373.47	377.54	2003	378.50	379.89
1979	375.41	381.93	2004	374.50	376.93
1980	377.10	377.07	2005	378.00	380.58
1981	378.40	379.78	2006	376.20	381.75
1982	379.13	384.19	2007	376.00	379.55

续表 4.18

年份	实测水位/m	模拟水位/m	年份	实测水位/m	模拟水位/m
1983	380.01	379.32	2008	378.23	379.83
1984	381.53	381.33	2009	377.40	379.22
1985	381.56	380.76	2010	382.24	380.54
1986	381.56	380.51	2011	381.99	382.41
1987	381.58	380.31	2012	381.97	377.95
1988	381.60	382.83	2013	381.57	380.19
1989	381.83	378.06	2014	380.76	382.32
1990	381.85	384.20	2015	379.84	378.90
1991	380.00	381.86	2016	379.49	378.76
1992	374.00	378.36	2017	378.66	378.96
1993	376.00	380.07	2018	378.89	378.46
1994	374.00	375.32	2019	378.68	378.64
1995	378.00	379.28	2020	378.33	378.13
1996	375.00	379.99	2021	377.74	377.96
1997	378.00	381.13	2022		381.87
1998	375.00	376.26	2023		382.42
1999	379.00	380.00	2024		381.59
2000	376.00	382.05	2025		379.46
2001	378.00	383.75	2026		379.91

注：测试集 MSE=9.06，R^2=0.94；检验集 MSE=2.68，R^2=0.82。

综上所述，误差在允许范围内，测试及检验集 R^2 均效果较好。

（3）人为开采量：韩城电厂关闭、桑树坪涌（突）水点治理结束后，在未来暂不开采 11# 煤层的情况下，研究区 2021 年以后奥灰水人为开采量大幅下降，可延续 2021 年末时的人为开采量继续计算。

（4）其他源汇项：继续使用 2021 年末时的数据。

4.4.3.2 奥灰水流场预测

采用上述初始流场和源汇项对研究区 2022—2026 年（相对时间为第 17 168~18 993d）的奥灰水流场进行预测（图 4.23），并输出水位降深图（图 4.24）。在此基础上，将北区和南区各监测点所在位置的水位输出，绘制水位动态变化曲线（图 4.25）。

从图 4.23 可以看出，研究区 2026 年 12 月末奥灰水整体流场特征与 1975 年（图 4.16a，人为扰动较小）相比仍有较大变化：①整体水位仍低于 1975 年；②地下水流向改变，1975 年奥灰水由南西向北东方向径流,而2026年底南区的大型降落漏斗仍存在,奥灰水从漏斗周围向漏斗中心径流;③北区奥灰水水位低于黄河水位(均值378.5m),黄河补给奥灰水。

从图4.24可以看出,2026年末相比于2021年末(图4.16f)北区和南区的奥灰水水位降深均减小,即北区和南区奥灰水水位均处于回升状态,但仍未恢复至1975年的状态,且韩城电厂和禹昌煤矿的降落漏斗仍然存在。

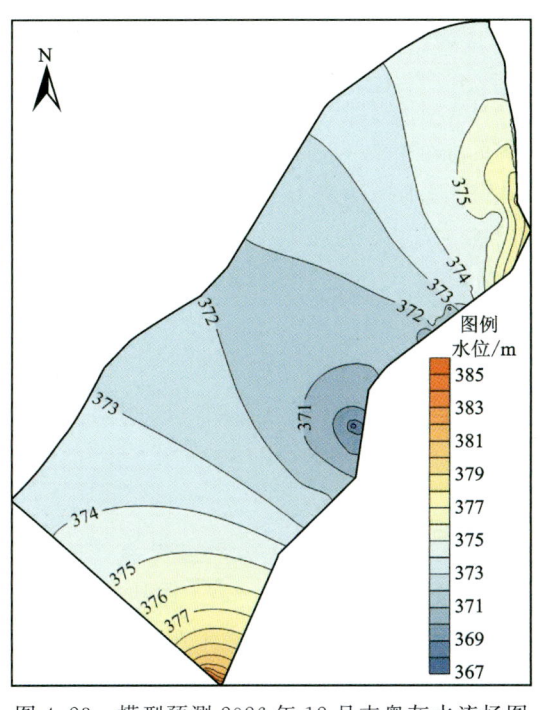 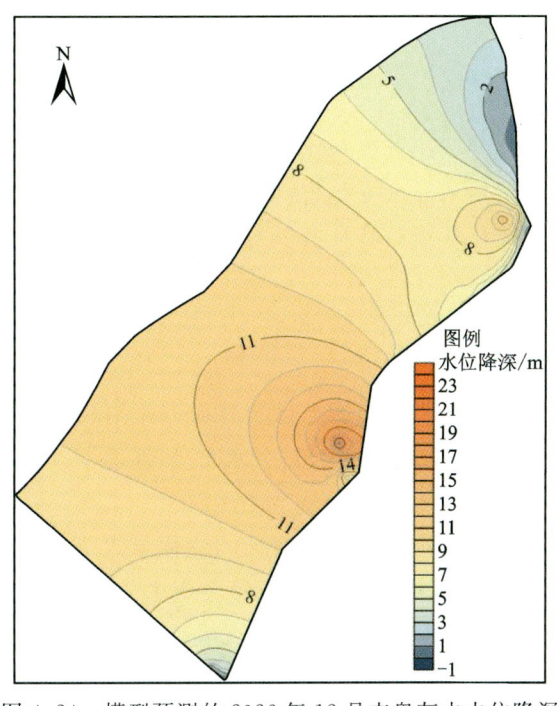

图 4.23　模型预测 2026 年 12 月末奥灰水流场图　　图 4.24　模型预测的 2026 年 12 月末奥灰水水位降深

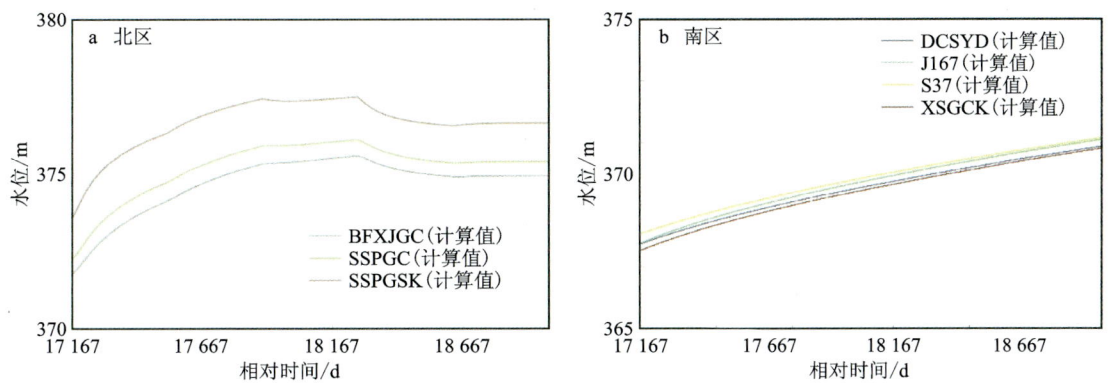

图 4.25　2022—2026 年末奥灰水水位动态预测图

从图4.25a可以看出,北区奥灰水水位在前3年逐步恢复至377.5m,之后略有下降,然后保持稳定;从图4.25b可以看出南区水位处于缓慢回升的状态,水位由367m恢复至2026年末的371m,并且未来有持续回升的趋势。

5 奥灰水化学特征及其形成作用

韩城矿区奥灰水在韩城电厂的超采和煤矿涌(突)水的影响下,其补径排条件和地下水流场发生了巨大变化,由此引发了奥灰水化学特征的变化。本节主要对韩城矿区近50年奥灰水的化学成分特征及其形成作用进行分析。

5.1 奥灰水样点分布

充分收集韩城矿区自建矿以来对奥灰水进行的水质检测资料,并对水样点的阴阳离子平衡进行了检验,共104个水样点通过了误差检验,这些水样点的采样时间介于1971—2022年,共52年。

奥灰水化学成分特征的变化与人为扰动所造成的奥灰水动力场变化密切相关,因此,依据奥灰水流场变化特征,将奥灰水化学成分特征研究时段分为3个阶段。第Ⅰ阶段为1971—1979年,代表韩城电厂大规模抽采奥灰水之前的近天然状态,该阶段共18个水样点;第Ⅱ阶段为1980—2010年,该阶段的主要特征是南区大规模抽采奥灰水,即从韩城电厂投产到关闭,而北区在该阶段对奥灰水的开采强度相对小,该阶段共38个水样点;第Ⅲ阶段为2011—2022年,该阶段以禹昌煤矿2011年的"8·7"奥灰突水事故为标志性事件,同时北区对奥灰水的开采强度增大,而南区处于水位恢复阶段,该阶段共48个水样点。

上述104个奥灰水样点分布见图5.1,其中部分采样点在不同时间段进行了多次采样,因此采样点个数小于104。从图中可以看出,绝大多数采样点集中在矿区东南部的煤矿附近,而矿区西北中深部的采样点较少;但桑北井田的2个奥灰水采样点(埋藏较深)可代表深部奥灰水的水化学特征。

图 5.1 韩城矿区奥灰水采样点分布图

5.2 奥灰水化学组分特征

5.2.1 奥灰水主要化学组分

对104个奥灰水样点中的主要离子 $Na^+ + K^+$、Ca^{2+}、Mg^{2+}、Cl^-、SO_4^{2-}、HCO_3^- 和 TDS 的质量浓度进行了统计分析。由于研究区可划分为北区和南区两个相对独立的水文地质单元，且北区和南区对奥灰水的开采强度在上述3个阶段差别显著，因此，将研究区所有奥灰水样点在空间上划分为北区和南区，在时间上划分为3个阶段（同5.1节），分别对第Ⅰ、Ⅱ、Ⅲ阶段全区、北区和南区奥灰水中主要离子质量浓度求平均值、标准差和变异系数（表5.1），用于分析奥灰水在上述3个阶段全区、北区和南区奥灰水中主要离子质量浓度的变化特征。

TDS 可以反映奥灰水中盐分的变化特征，从表5.1中可以看出，韩城矿区奥灰水 TDS 值在第Ⅰ阶段全区平均值为 844.53mg/L，北区为 1 089.39mg/L，南区为 648.64mg/L；第Ⅱ阶段全区 TDS 平均值为 1 487.09mg/L，北区为 1 247.20mg/L，南区为 1 854.92mg/L；第Ⅲ阶段全区 TDS 平均值为 2 721.86mg/L，北区为 2 918.76mg/L，南区为 2 507.83mg/L。

表 5.1 韩城矿区 1971—2022 年奥灰水主要离子质量浓度变化特征统计

年份	区域	统计值类型	$Na^+ + K^+$	Ca^{2+}	Mg^{2+}	Cl^-	SO_4^{2-}	HCO_3^-	TDS
1971—1979	全区	平均值	122.99	115.55	39.69	114.39	313.78	270.21	844.53
		标准差	78.80	60.42	11.37	112.66	166.61	142.32	355.62
		变异系数	0.64	0.52	0.29	0.98	0.53	0.53	0.42
	北区	平均值	196.34	130.20	43.97	183.63	349.44	358.16	1 089.39
		标准差	56.58	85.86	12.45	142.51	184.09	167.59	362.74
		变异系数	0.29	0.66	0.28	0.78	0.53	0.47	0.33
	南区	平均值	64.31	103.82	36.27	59.00	285.25	199.86	648.64
		标准差	25.13	28.60	9.71	22.50	155.06	63.54	201.51
		变异系数	0.39	0.28	0.27	0.38	0.54	0.32	0.31
1980—2010	全区	平均值	230.43	191.43	61.41	251.52	597.40	305.52	1 487.09
		标准差	178.27	139.79	41.37	240.40	536.98	181.32	1 047.64
		变异系数	0.77	0.73	0.67	0.96	0.90	0.59	0.70
	北区	平均值	183.42	174.03	52.36	212.57	464.51	318.98	1 247.20
		标准差	107.58	71.06	15.84	108.34	257.13	214.46	432.89
		变异系数	0.59	0.41	0.30	0.51	0.55	0.67	0.35
	南区	平均值	302.50	218.11	75.28	311.23	801.17	284.89	1 854.92
		标准差	237.92	206.03	61.56	357.74	764.63	117.72	1 538.40
		变异系数	0.79	0.94	0.82	1.15	0.95	0.41	0.83

续表 5.1

年份	区域	统计值类型	Na$^+$＋K$^+$	Ca^{2+}	Mg^{2+}	Cl$^-$	SO$_4^{2-}$	HCO$_3^-$	TDS
2011—2022	全区	平均值	611.85	242.32	73.63	654.83	893.03	429.68	2 721.86
		标准差	834.18	213.26	53.06	1 265.99	694.74	364.02	2 658.89
		变异系数	1.36	0.88	0.72	1.93	0.78	0.78	0.98
	北区	平均值	749.24	228.16	55.05	804.58	777.92	528.56	2 918.76
		标准差	1 133.91	223.23	41.94	1 737.90	662.15	427.67	3 476.46
		变异系数	1.51	0.98	0.76	2.16	0.85	0.81	1.19
	南区	平均值	462.51	257.73	93.84	492.06	1 018.14	322.20	2 507.83
		标准差	198.01	205.73	57.25	275.64	722.11	131.86	1 351.67
		变异系数	0.43	0.80	0.61	0.56	0.71	0.41	0.54

注：平均值和标准值的单位为 mg/L。

第Ⅰ阶段(1971—1979年)代表近天然条件下奥灰水的化学特征，该阶段北区奥灰水的TDS(1 089.39mg/L)远大于南区(648.64mg/L)，反映出北区奥灰水的更新速度小于南区，可能与北区奥灰水的埋深大有关。

第Ⅱ阶段(1980—2010年)在韩城电厂超采奥灰水时，南区TDS(1 854.92mg/L)相比于第Ⅰ阶段大幅增加，且高于北区(1 247.20mg/L)。结合第4章2010年末奥灰水流场特征可以推测出南区TDS增大主要是由韩城电厂水位降落漏斗扩展，使得西北深部奥灰水补给边浅部奥灰水所致。第Ⅲ阶段南区奥灰水相比于第Ⅱ阶段仍有大幅增加，说明即使2010年韩城电厂停止抽采奥灰水，但水位降落漏斗仍然没有恢复，仍有大量深部奥灰水补给南区边浅部奥灰水，使其TDS持续增加。结合第4章2021年末奥灰水流场图可知，2021年末南区韩城电厂处的奥灰水降落漏斗仍未恢复，可以推测未来南区边浅部奥灰水的TDS还将增大，直至深部奥灰水与浅部韩城电厂处水头达到平衡或深部奥灰水的补给与大气降水和河流渗漏的补给达到平衡。第Ⅱ阶段北区奥灰水的TDS相比于第Ⅰ阶段也有小幅增加，从1 089.39mg/L增加到1 247.20mg/L。结合第4章2010年末奥灰水水位降深图可以看出，2010年末北区奥灰水也有0～9m的降幅，说明南区的降落漏斗也影响到了北区，虽然南区和北区在天然条件下存在分水岭，但在南区大幅超采的条件下，北区也受到了影响。基于第3章和第4章的分析，北区奥灰水水位与黄河水位存在同步变化、互为补排的特征，因此，在北区水位下降的条件下，黄河会补给北区奥灰水，但黄河水的TDS远小于奥灰水，而北区奥灰水的TDS增加，说明除了黄河补给北区外，深部奥灰水也对北区奥灰水进行了补给。综上所述，第Ⅱ阶段，南区和北区奥灰水TDS增加主要是因为超采形成大范围的降落漏斗，导致深部奥灰水对浅部奥灰水补给量增大，超采量越大，深部奥灰水补给量越大，TDS增幅越大。

第Ⅲ阶段(2011—2022年)南区奥灰水的TDS相比于第Ⅱ阶段由1 854.92mg/L增加到2 507.83mg/L，印证了上述推测，即虽然2010年韩城电厂停止抽采奥灰水，但由于南区水位降落漏斗远未恢复，所以仍有大量深部高TDS奥灰水水补给降落漏斗，导致南区奥灰水的

TDS继续增加。第Ⅲ阶段北区奥灰水的TDS由1 247.20mg/L增加到2 918.76mg/L,增加了134%。结合第4章中2011年末和2021年末的奥灰水流场图和降深图可知,北区奥灰水在2011年禹昌煤矿"8·7"突水事故后形成了降落漏斗,且2011—2021年北区奥灰水水位仍整体下降,结合TDS大幅增加,推测北区也有大量深部奥灰水补给边浅部奥灰水。由2021年末和2026年末奥灰水的流场图和降深图可知,全区奥灰水降幅仍在0～18m和0～14m之间,说明研究区奥灰水水位恢复较慢,未来较长时间内区内奥灰水的TDS仍保持增长态势,直至深部奥灰水补给量与大气降水和河流渗漏补给量达到平衡。

为了更直观地展示第Ⅰ、Ⅱ、Ⅲ阶段全区、北区和南区奥灰水中主要离子质量浓度的变化特征,将表5.1中的数据绘制成折线图(图5.2)。

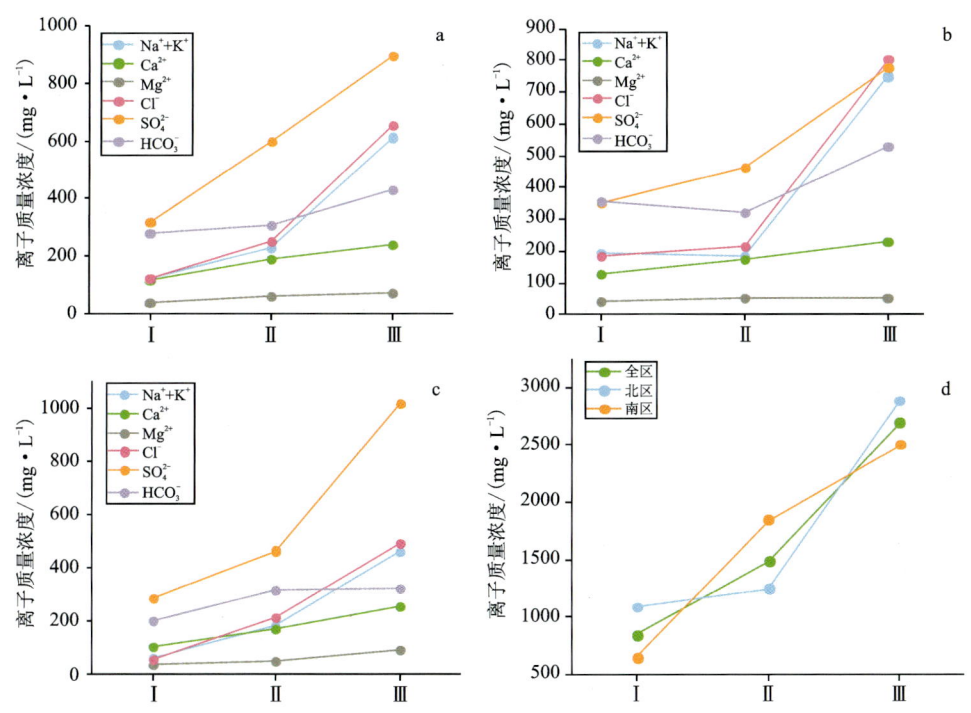

图5.2 韩城矿区1971—2022年奥灰水主要离子质量浓度变化特征统计图

a.全区3个阶段离子浓度变化;b.北区3个阶段离子浓度变化;c.南区3个阶段离子浓度变化;d.全区、北区、南区3个阶段TDS变化。

从图5.2a可以看出,全区奥灰水的主要离子质量浓度从第Ⅰ阶段到第Ⅲ阶段均有增加,其中SO_4^{2-}、Cl^-和Na^++K^+在第Ⅱ阶段增幅较小,在第Ⅲ阶段增幅较大;HCO_3^-在第Ⅱ阶段增幅较小,在第Ⅲ阶段增幅变大;而Ca^{2+}和Mg^{2+}在第Ⅱ、Ⅲ阶段均有增加,但增幅不大。

从图5.2b可以看出,北区的主要离子质量浓度变化特征与全区基本一致,仅HCO_3^-和Na^++K^+在第Ⅱ阶段浓度小幅下降。

从图5.2c可以看出,南区的主要离子质量浓度变化特征与全区基本一致,仅HCO_3^-的浓度在第Ⅲ阶段略微下降。同时,南区的SO_4^{2-}浓度在第Ⅲ阶段增幅巨大,从464.51mg/L增加到 1 018.14mg/L。

从图 5.2d 可以看出,全区、北区和南区奥灰水的 TDS 由第Ⅰ阶段的 648.64～1 089.39mg/L,增加到第Ⅱ阶段的 1 247.20～1 854.92mg/L,到第Ⅲ阶段为 2 507.83～2 918.76mg/L。北区第Ⅱ阶段增幅很小,第Ⅲ阶段增幅较大;南区第Ⅱ、Ⅲ阶段增幅均较大。

从标准差可以看出离子浓度的离散性。从表 5.1 可以看出,第Ⅰ阶段(1971—1979 年)北区各离子浓度的离散性较南区大,其中 SO_4^{2-}、HCO_3^- 和 Cl^- 的标准差较大,说明北区不同采样点离子浓度的差异较大,南区各采样点离子浓度差异较小,反映出南区奥灰水的水力联系较北区好;第Ⅱ阶段(1980—2010 年)南区离子浓度的离散性大幅增加,远远高于北区,其中 SO_4^{2-}、Cl^- 和 Na^+ 的标准差较大,说明第Ⅱ阶段南区奥灰水超采引发的深部咸水补给对离子浓度离散性影响较大;第Ⅲ阶段(2011—2022 年)北区离子浓度的离散性相比于第Ⅱ阶段大幅增加,同第Ⅱ阶段南区奥灰水一样,也是 SO_4^{2-}、Cl^- 和 Na^+ 的标准差相对于其他离子较大,但数值远远高于第Ⅱ阶段南区的离子浓度的标准差,而第Ⅲ阶段南区离子浓度的离散性相对于第Ⅱ阶段略有减小,说明第Ⅲ阶段北区奥灰水涌(突)水对离子浓度的离散性影响较大,其原因是禹昌煤矿奥灰突水引发深部高 TDS 水补给量增加。结合矿区地质构造性质可知,南区以拉张构造为主,北区以挤压构造为主,受挤压构造控制北区奥灰水流动速度小于南区,因此,离子标准差较大;而深部奥灰水补给浅部主要沿裂隙流动,裂隙流具有非均质各向异性,因此导致第Ⅱ、Ⅲ阶段深部奥灰水补给浅部过程中离子的标准差增大。

变异系数和标准差一样,也可以反映出离子的离散性,但是研究区离子的变异系数与标准差的变化趋势存在一定差别。第Ⅰ阶段(1971—1979 年),北区离子的变异系数较南区大,北区 Ca^{2+}、Cl^- 和 SO_4^{2-} 的变异系数比较大,而南区 SO_4^{2-} 的变异系数比较大;第Ⅱ阶段(1980—2010 年)南区离子的变异系数较北区大,南区 Cl^-、SO_4^{2-} 和 Ca^{2+} 的变异系数比较大,而北区 HCO_3^-、Na^+ 和 SO_4^{2-} 的变异系数比较大;第Ⅲ阶段(2011—2022 年)北区离子的变异系数较南区大,北区 Cl^- 和 Na^+ 的变异系数比较大,而南区 Ca^{2+} 和 SO_4^{2-} 的变异系数比较大。变异系数大反映出离子的标准差相较于均值较大或标准差的增幅大于平均值的增幅。第Ⅰ阶段,北区 Ca^{2+}、Cl^- 和 SO_4^{2-} 相较于其平均值,其离散程度更大;而 Ca^{2+} 的标准差小而变异系数大,说明其平均值较低;HCO_3^- 的标准差大而变异系数小,说明其平均值大。因此,第Ⅰ阶段北区奥灰水以重碳酸型为主。第Ⅱ阶段,南区 Cl^-、SO_4^{2-} 和 Ca^{2+} 相较于其平均值,其离散程度更大;Ca^{2+} 的标准差小而变异系数大,说明其平均值较低;Na^+ 的标准差较大而变异系数小,说明其平均值大。因此,第Ⅱ阶段 Na^+ 的均值较大。第Ⅲ阶段,北区 Cl^- 和 Na^+ 相较于其均值,其离散程度更大;SO_4^{2-} 的标准差大,但变异系数小,说明其平均值较大。因此,第Ⅲ阶段北区奥灰水以硫酸型为主。

5.2.2 TDS 与离子浓度的关系

从 5.2.1 小节可以看出,奥灰水的 TDS 从第Ⅰ阶段到第Ⅲ阶段有了大幅增加,为了更清楚地掌握 Na^++K^+、Ca^{2+}、Mg^{2+}、HCO_3^-、SO_4^{2-} 和 Cl^- 对 TDS 的贡献程度,绘制不同阶段北区和南区 TDS 与各阳离子和阴离子浓度的散点图。

5.2.2.1 第Ⅰ阶段

1)北区

从图5.3可以看出,第Ⅰ阶段北区奥灰水TDS与Ca^{2+}的线性相关性最好,其次为Mg^{2+},最后为Na^+;Mg^{2+}的斜率最大,说明其随TDS增加的速度较快;而Na^+的浓度最大,说明其在TDS中的占比较大。

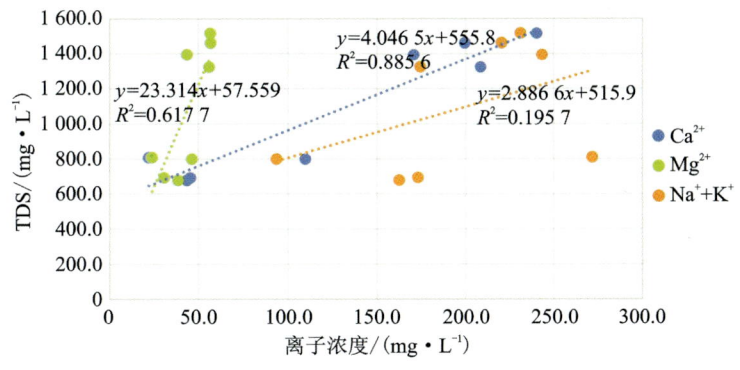

图5.3 TDS与阳离子相关关系

从图5.4可以看出,第Ⅰ阶段北区奥灰水TDS与Cl^-相关性最好,其次为SO_4^{2-},最后为HCO_3^-;HCO_3^-与TDS呈负相关,随着TDS的增加,HCO_3^-浓度降低;Cl^-和SO_4^{2-}的斜率较大,说明其随TDS增加的速度较快。

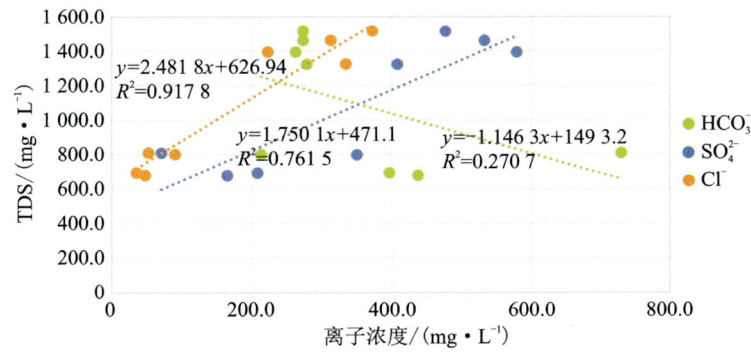

图5.4 TDS与阴离子相关关系

2)南区

从图5.5可以看出,第Ⅰ阶段南区奥灰水TDS与Ca^+的线性相关性最好,其次为Mg^{2+},最后为Ca^{2+},均为正相关。

从图5.6可以看出,第Ⅰ阶段南区奥灰水TDS与SO_4^{2-}的线性相关性最好,其次为Cl^-,最后为HCO_3^-。HCO_3^-与TDS呈负相关,随着TDS的增加,HCO_3^-浓度降低;Cl^-的斜率较大,说明其随TDS增加的速度较快。

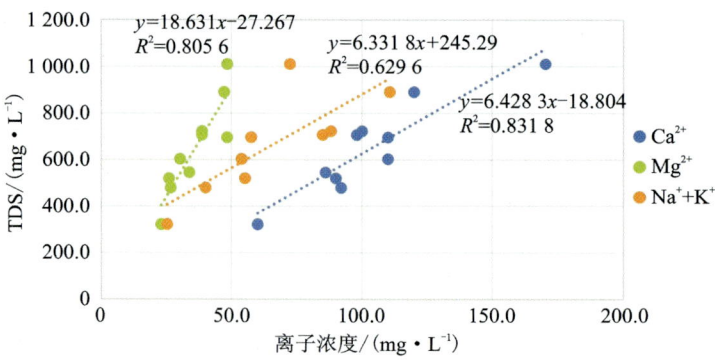

图 5.5　TDS 与阳离子相关关系

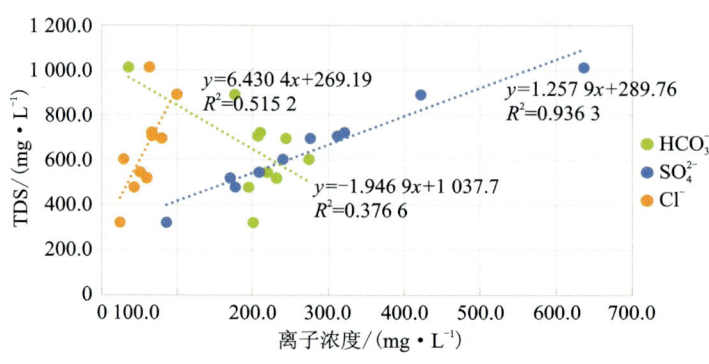

图 5.6　TDS 与阴离子相关关系

5.2.2.2　第 Ⅱ 阶段

1）北区

从图 5.7 可以看出，第 Ⅱ 阶段北区奥灰水 TDS 与 Ca^{2+} 的线性相关性最好，其次为 Mg^{2+}，最后为 Na^+。与第 Ⅰ 阶段保持一致。

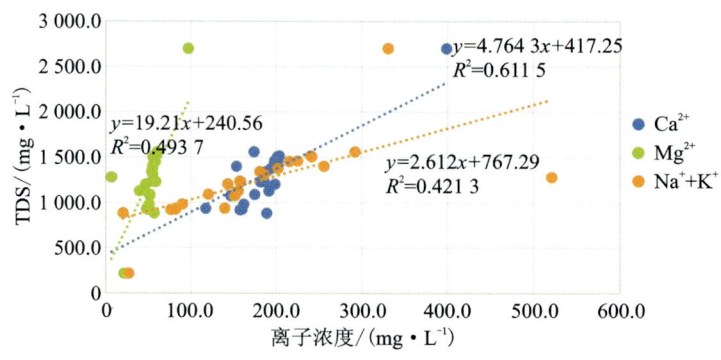

图 5.7　TDS 与阳离子相关关系

从图 5.8 可以看出，第 Ⅱ 阶段北区奥灰水 TDS 与 SO_4^{2-} 的线性相关性最好，其次为 Cl^-，最后为 HCO_3^-；SO_4^{2-} 的斜率较大，说明其随 TDS 增加的速度较快。与第 Ⅰ 阶段相比 SO_4^{2-} 的影响增大。

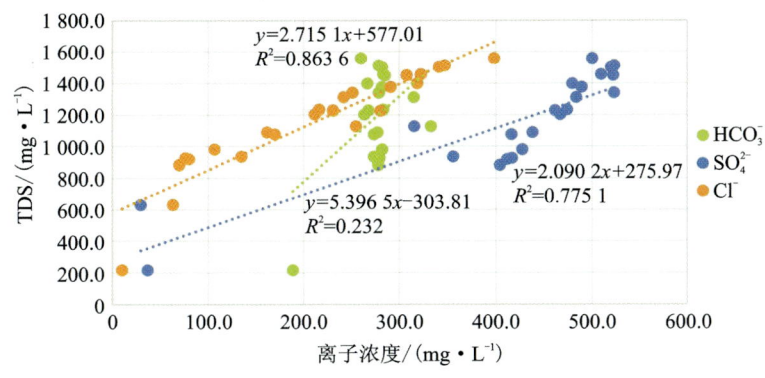

图 5.8　TDS 与阴离子相关关系

2)南区

从图 5.9 可以看出,第Ⅱ阶段南区奥灰水 TDS 与 Ca^{2+}、Mg^{2+} 和 Na^+ 的线性相关性均较好。与第Ⅰ阶段相比,TDS 与 Ca^{2+}、Mg^{2+} 和 Na^+ 的相关性增强。

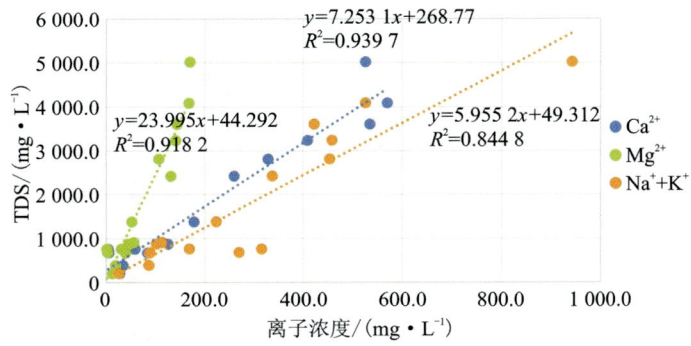

图 5.9　TDS 与阳离子相关关系

从图 5.10 可以看出,第Ⅱ阶段南区奥灰水 TDS 与 SO_4^{2-} 的线性相关性最好,其次为 Cl^-,最后为 HCO_3^-。HCO_3^- 与 TDS 呈负相关,随着 TDS 的增加,HCO_3^- 浓度降低;Cl^- 的斜率较大,说明其随 TDS 增加的速度较快。与第Ⅰ阶段保持一致。

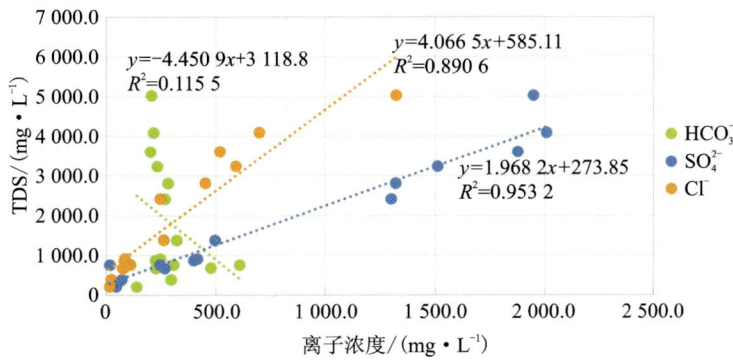

图 5.10　TDS 与阴离子相关关系

5.2.2.3 第Ⅲ阶段

1)北区

从图 5.11 可以看出,第Ⅲ阶段北区奥灰水 TDS 与 Na^+ 的线性相关性最好,其次为 Mg^{2+},最后为 Ca^{2+}。相较于第Ⅰ、Ⅱ阶段,Na^+ 与 TDS 的线性关系更明显。

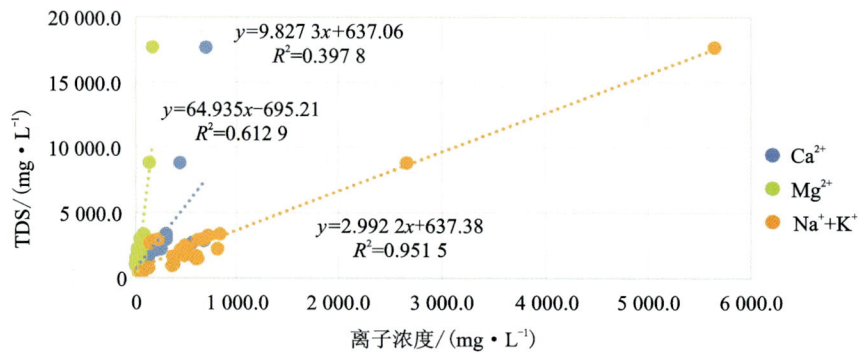

图 5.11 TDS 与阳离子相关关系

从图 5.12 可以看出,第Ⅲ阶段北区奥灰水 TDS 与 Cl^- 的线性相关性最好,其次为 SO_4^{2-},最后为 HCO_3^-;SO_4^{2-} 的斜率较大,说明其随 TDS 增加的速度较快。与第Ⅰ、Ⅱ阶段相比,SO_4^{2-} 的影响增大。

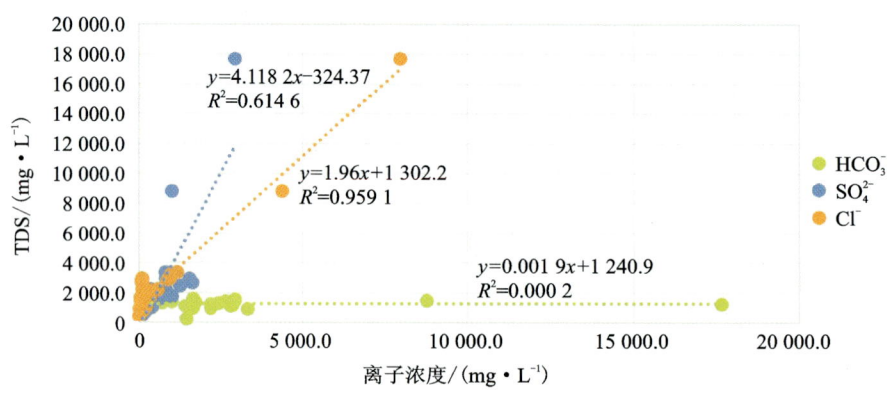

图 5.12 TDS 与阴离子相关关系

2)南区

从图 5.13 可以看出,第Ⅲ阶段南区奥灰水 TDS 与 Mg^{2+} 的线性相关性最好,其次为 Ca^{2+},最后为 Na^+,均为正相关。与第Ⅱ阶段基本一致,但 Na^+ 与 TDS 的线性关系变差,说明离子浓度离散性增大。

从图 5.14 可以看出,第Ⅲ阶段南区奥灰水 TDS 与 SO_4^{2-} 相关性最好,其次为 Cl^-,最后为 HCO_3^-。HCO_3^- 与 TDS 呈负相关,随着 TDS 的增加,HCO_3^- 浓度降低;Cl^- 的斜率较大,说明其随 TDS 增加的速度较快。与第Ⅰ、Ⅱ阶段保持一致。

综上所述,研究区奥灰水的 TDS 与 Ca^{2+}、Na^+、Mg^{2+}、SO_4^{2-} 和 Cl^- 的相关性较好,与

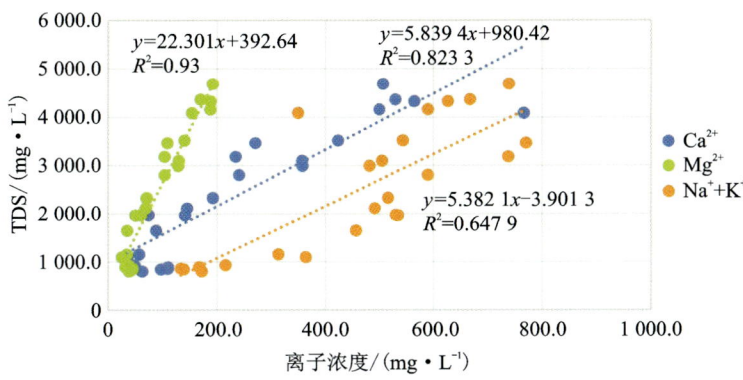

图 5.13　TDS 与阳离子相关关系

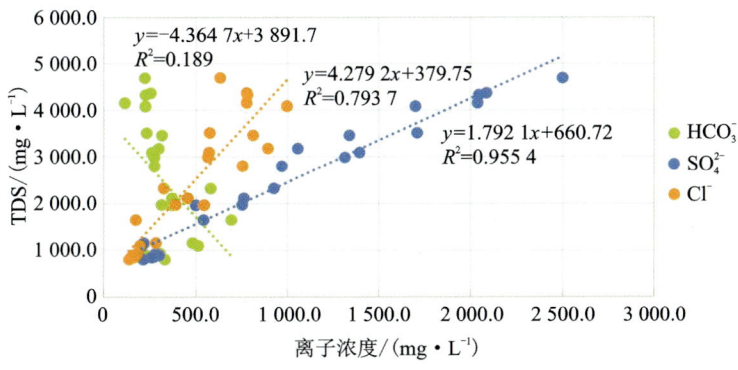

图 5.14　TDS 与阴离子相关关系

HCO_3^- 的相关性较差，HCO_3^- 的浓度除了受方解石和白云石的溶解控制外，还受奥灰水赋存环境控制，因此，HCO_3^- 的浓度变化较大，与 TDS 的相关性较差。随着深部奥灰水补给量增大，Na^+、Ca^{2+}、SO_4^{2-} 和 Cl^- 对 TDS 的贡献增大。

5.2.3　TDS 与饱和指数的关系

从以上分析可以看出，从第 Ⅰ 阶段到第 Ⅲ 阶段，随着奥灰水的 TDS 增加，通过分析 TDS 与奥灰水中主要矿物饱和指数（SI）的关系可以判断奥灰水中矿物溶解对奥灰水化学组分形成作用的影响，绘制不同阶段北区和南区奥灰水中方解石、白云石、石膏和岩盐饱和指数（SIc、SId、SIg、SIh）与 TDS 的关系曲线来分析这几种矿区溶解对 TDS 的贡献。

5.2.3.1　第 Ⅰ 阶段

1) 北区

北区第 Ⅰ 阶段 TDS 与奥灰水中方解石、白云石、石膏和岩盐饱和指数（SIc、SId、SIg、SIh）的关系曲线见图 5.15。从图中可以看出，北区第 Ⅰ 阶段，奥灰水的 TDS 与方解石、白云石、石膏和岩盐饱和指数均呈指数函数关系，说明这几种矿物的溶解对奥灰水的 TDS 均有贡献。岩盐和石膏的拟合系数较大，说明岩盐和石膏的溶解对奥灰水 TDS 的贡献较大，其次为方解石和白云石。

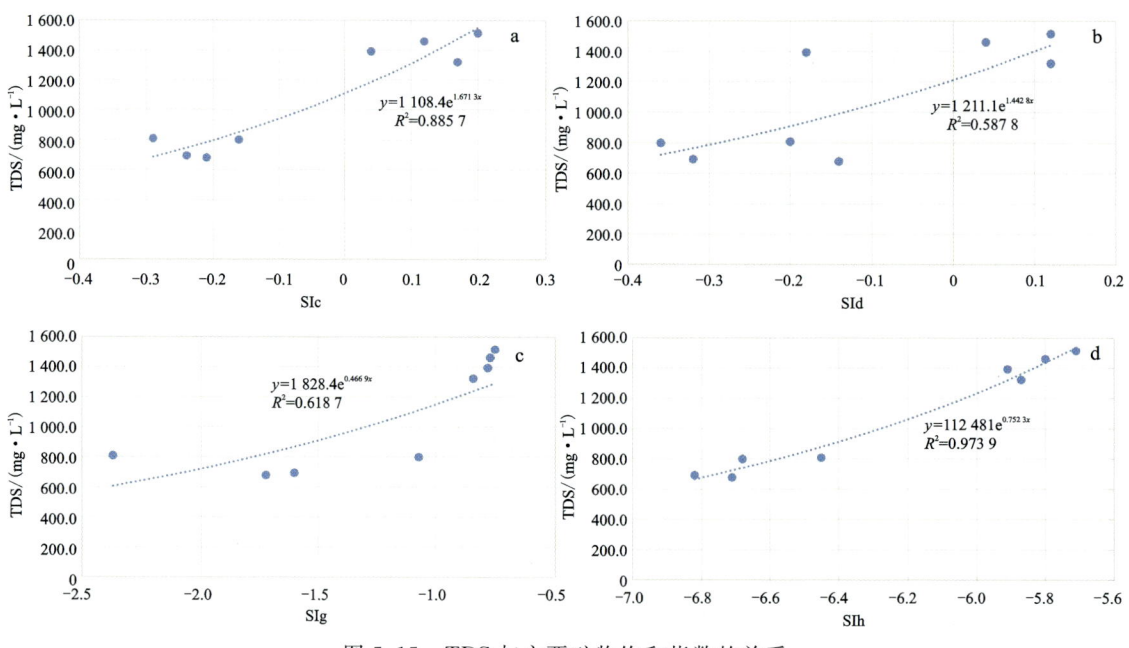

图 5.15 TDS 与主要矿物饱和指数的关系

2)南区

南区第Ⅰ阶段奥灰水中 TDS 与方解石、白云石、石膏和岩盐饱和指数(SIc、SId、SIg、SIh)的关系曲线见图 5.16。从图中可以看出,南区第Ⅰ阶段,奥灰水的 TDS 与岩盐和石膏饱和指数拟合系数较大,与方解石和白云石的回归分析效果较差,说明第Ⅰ阶段岩盐和石膏的溶解对奥灰水的 TDS 有较大的贡献,其次为方解石和白云石的溶解。

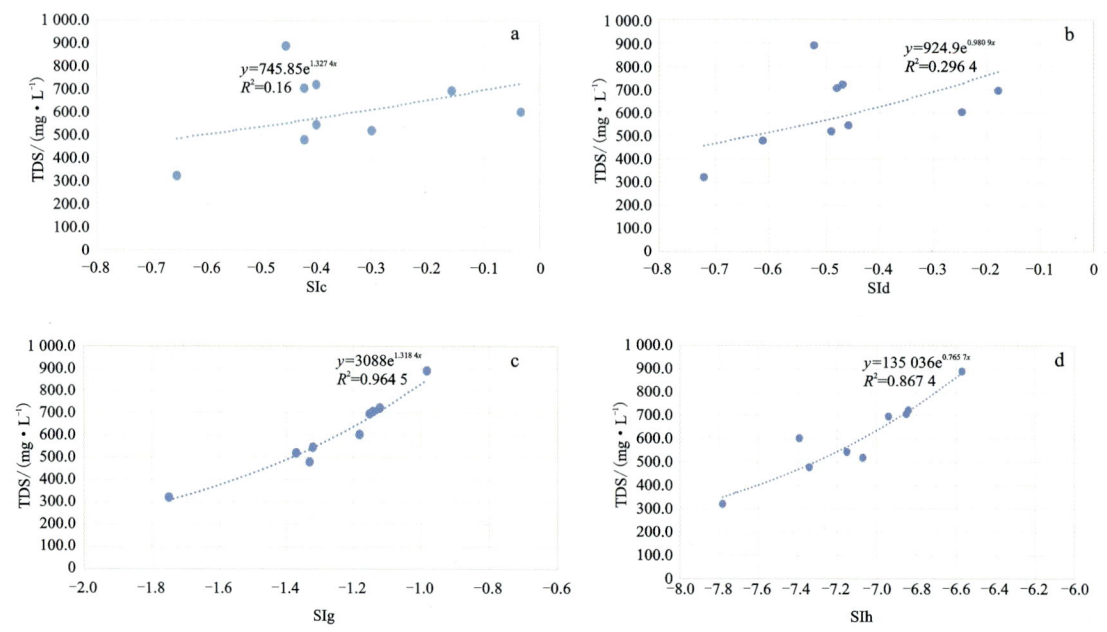

图 5.16 TDS 与主要矿物饱和指数的关系

5.2.3.2 第Ⅱ阶段

1) 北区

北区第Ⅱ阶段奥灰水中 TDS 与方解石、白云石、石膏和岩盐饱和指数(SIc、SId、SIg、SIh)的关系曲线见图 5.17。从图可以看出,第Ⅱ阶段,北区奥灰水的 TDS 与方解石、白云石、石膏和岩盐的饱和指数均呈正相关,但拟合效果较第Ⅰ阶段差,说明奥灰水 TDS 的增加除受到这 4 种矿物溶解控制外还有其他因素的影响,与第Ⅰ阶段类似,岩盐和石膏的溶解对奥灰水的 TDS 有较大的贡献,其次为方解石和白云石。

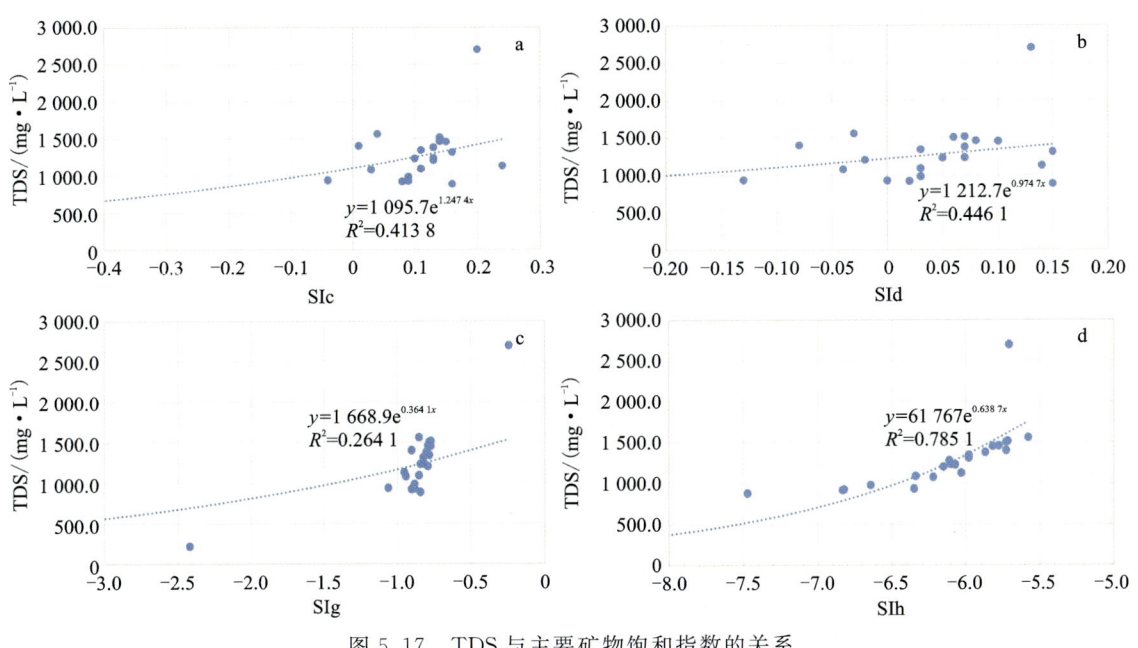

图 5.17 TDS 与主要矿物饱和指数的关系

2) 南区

南区第Ⅱ阶段奥灰水中 TDS 与方解石、白云石、石膏和岩盐饱和指数(SIc、SId、SIg、SIh)的关系曲线见图 5.18。从图中可以看出,第Ⅱ阶段,南区奥灰水的 TDS 与方解石、白云石、石膏和岩盐的饱和指数均呈正相关,且拟合效果较好,说明南区奥灰水 TDS 的增加主要受这 4 种矿物的溶解作用控制,岩盐和石膏的溶解对奥灰水的 TDS 有较大的贡献,其次为方解石和白云石。

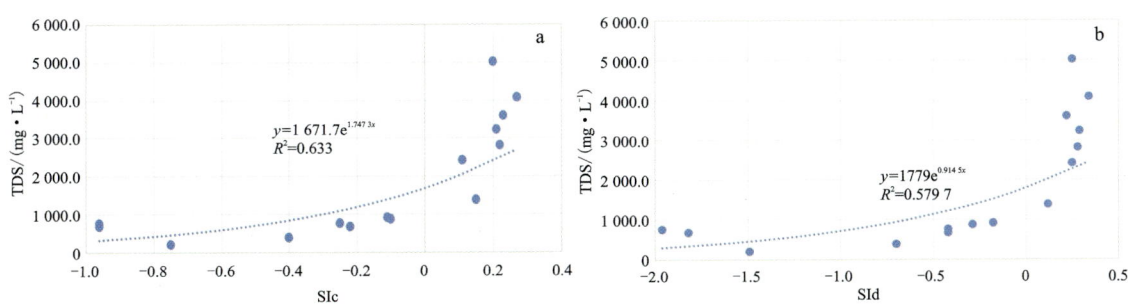

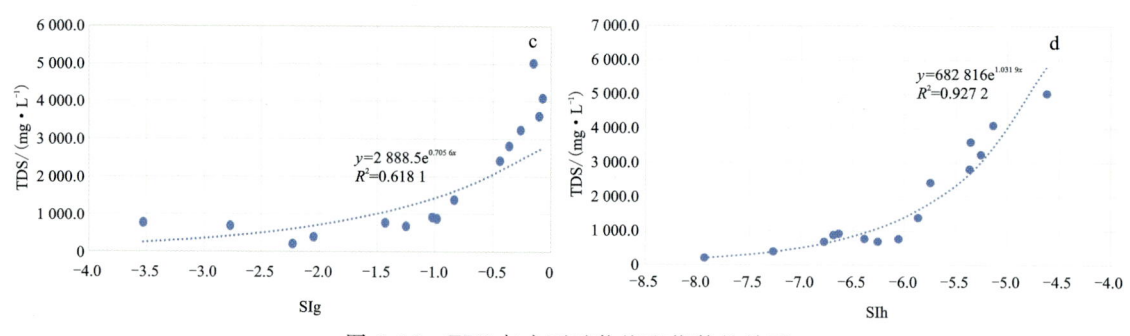

图 5.18 TDS 与主要矿物饱和指数的关系

5.2.3.3 第Ⅲ阶段

1)北区

北区第Ⅲ阶段奥灰水中 TDS 与方解石、白云石、石膏和岩盐饱和指数(SIc、SId、SIg、SIh)的关系曲线见图 5.19。从图中可以看出,第Ⅲ阶段,奥灰水的 TDS 与方解石、白云石、石膏和岩盐的饱和指数均呈正相关,但拟合效果较第Ⅱ阶段稍差,说明第Ⅲ阶段造成奥灰水 TDS 增加的因素较为复杂,不只是由这 4 种矿物的溶解造成。岩盐饱和指数与 TDS 的回归系数和拟合系数均较大,说明岩盐溶解对 TDS 的贡献较大。

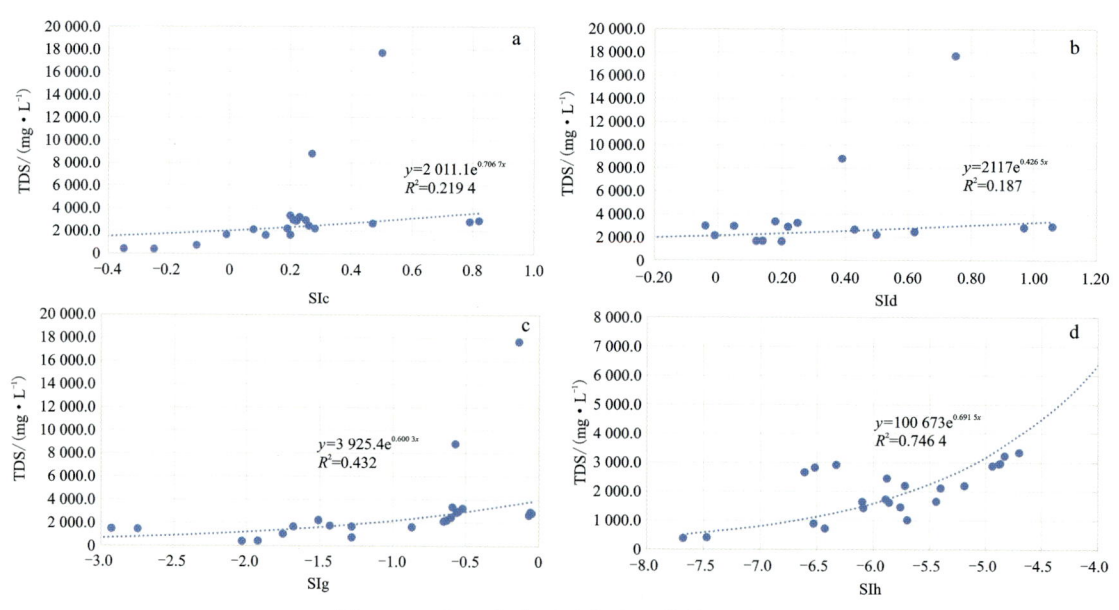

图 5.19 TDS 与主要矿物饱和指数的关系

2)南区

南区第Ⅲ阶段奥灰水中 TDS 与方解石、白云石、石膏和岩盐饱和指数(SIc、SId、SIg、SIh)的关系曲线见图 5.20。从图中可以看出,第Ⅲ阶段,南区奥灰水的 TDS 与方解石、白云石、石膏和岩盐的饱和指数均呈正相关。同样,与第Ⅱ阶段相比,拟合显著性水平略有降低,说明第Ⅲ阶段 TDS 增加的因素较为复杂,不只是由这 4 种矿物的溶解造成。但岩盐和石膏的饱和指数与 TDS 的回归系数和拟合系数均较好,说明石膏和岩盐的溶解对 TDS 的贡献较大。

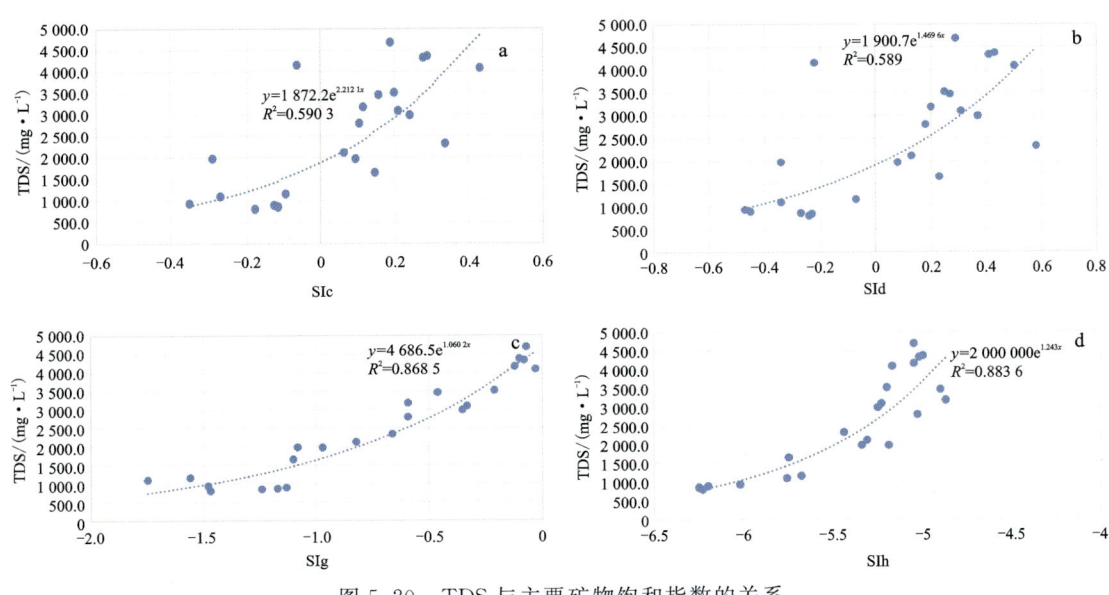

图 5.20　TDS 与主要矿物饱和指数的关系

综上所述,研究区奥灰水的 TDS 与石膏和岩盐的饱和指数相关性较好,因此奥灰水中的 TDS 主要由石膏和岩盐的溶解造成,方解石和白云石的溶解也有一定的贡献,这与 5.2.2 小节 TDS 与 Na^+、Ca^{2+}、SO_4^{2-} 和 Cl^- 的相关性较好的结论一致。从第Ⅰ到第Ⅲ阶段,奥灰水 TDS 的增加除了受这 4 种主要矿物的溶解作用控制外,还受其他因素控制,还需要进一步深入分析。

5.2.4　饱和指数与离子浓度的关系

如果矿物的饱和指数随着某(几)种离子浓度的增加而有规律地增加,则一定程度上说明该矿物沿水流路径不断溶解。

5.2.4.1　第Ⅰ阶段

1)北区

绘制北区第Ⅰ阶段奥灰水中方解石的饱和指数与 Ca^{2+} 和 HCO_3^- 关系曲线(图 5.21),可以看出,第Ⅰ阶段北区方解石的饱和指数介于 $-0.3\sim0.2$ 之间,说明方解石基本处于饱和状态,它与 Ca^{2+} 的浓度相关性较好,说明方解石溶解对 Ca^{2+} 的贡献较大,与 HCO_3^- 的浓度相关性较差,说明方解石溶解产生的 HCO_3^- 又发生了其他反应,使奥灰水中的 HCO_3^- 浓度降低。

绘制北区第Ⅰ阶段奥灰水中白云石的饱和指数与 Ca^{2+}、Mg^{2+} 和 HCO_3^- 关系曲线(图 5.22),可以看出,第Ⅰ阶段白云石的饱和指数介于 $-0.36\sim0.12$ 之间,与 Ca^{2+} 和 Mg^{2+} 成正比,而与 HCO_3^- 成反比,同样说明 HCO_3^- 又发生了其他反应,使奥灰水中的 HCO_3^- 浓度降低。

绘制北区第Ⅰ阶段奥灰水中石膏的饱和指数与 Ca^{2+} 和 SO_4^{2-} 关系曲线(图 5.23),可以看出,第Ⅰ阶段北区石膏的饱和指数介于 $-2.4\sim-0.7$ 之间,与 Ca^{2+} 和 SO_4^{2-} 的浓度相关性较

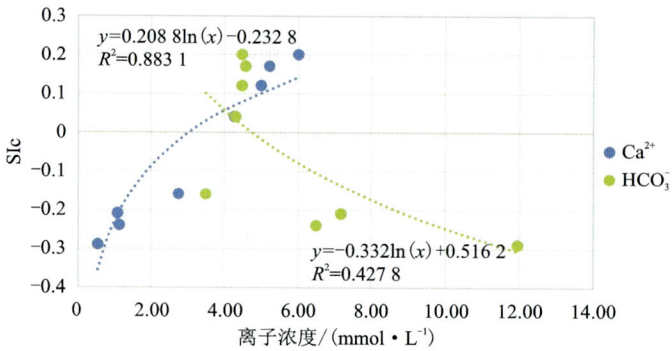

图 5.21　方解石的饱和指数与 Ca^{2+} 和 HCO_3^- 关系曲线

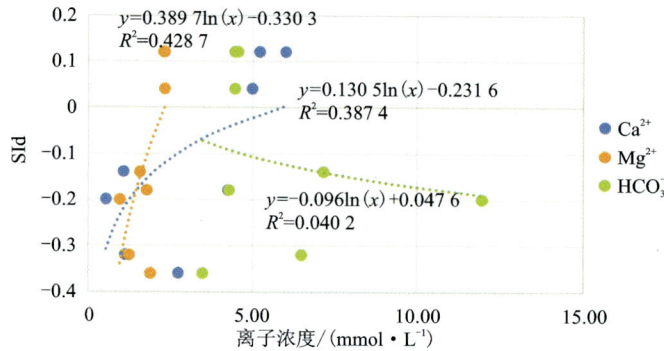

图 5.22　白云石的饱和指数与 Ca^{2+}、Mg^{2+} 和 HCO_3^- 关系曲线

好,说明奥灰水中的 Ca^{2+} 和 SO_4^{2-} 与石膏的溶解关系密切,石膏溶解对 Ca^{2+} 和 SO_4^{2-} 的贡献较大。

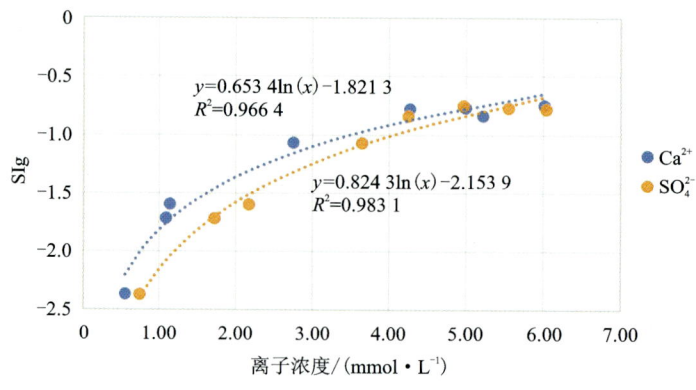

图 5.23　石膏的饱和指数与 Ca^{2+} 和 SO_4^{2-} 关系曲线

绘制北区第Ⅰ阶段奥灰水中岩盐的饱和指数与 Na^+ 和 Cl^- 关系曲线(图 5.24),可以看出,第Ⅰ阶段北区岩盐的饱和指数介于 $-6.9 \sim -5.7$ 之间,与 Cl^- 的浓度相关性较好,说明奥灰水中的 Cl^- 与盐岩的溶解关系密切;与 Na^+ 的相关性较差,说明奥灰水中 Na^+ 除了岩盐溶解还有别的来源或岩盐溶解产生的 Na^+ 被置换。

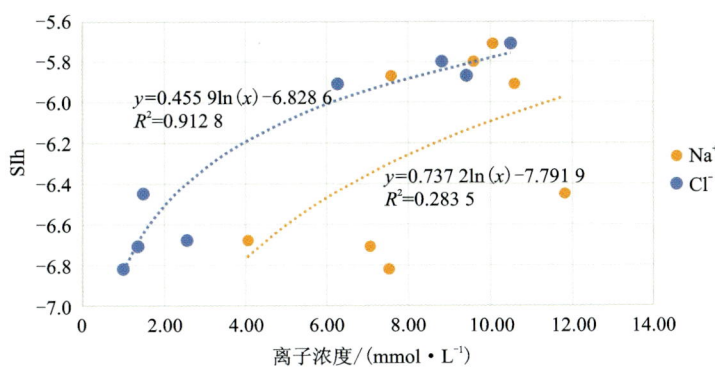

图 5.24　岩盐的饱和指数与 Na^+ 和 Cl^- 关系曲线

2）南区

绘制南区第Ⅰ阶段奥灰水中方解石的饱和指数与 Ca^{2+} 和 HCO_3^- 关系曲线（图 5.25），可以看出，第Ⅰ阶段南区方解石的饱和指数介于 $-0.8\sim0$ 之间，处于近饱和状态，它与 HCO_3^- 的浓度相关性较好，说明南区奥灰水中的 HCO_3^- 与方解石的溶解关系较好；它与 Ca^{2+} 的浓度相关性较差，说明南区奥灰水中的 Ca^{2+} 除了与方解石溶解有关，还受其他因素影响。

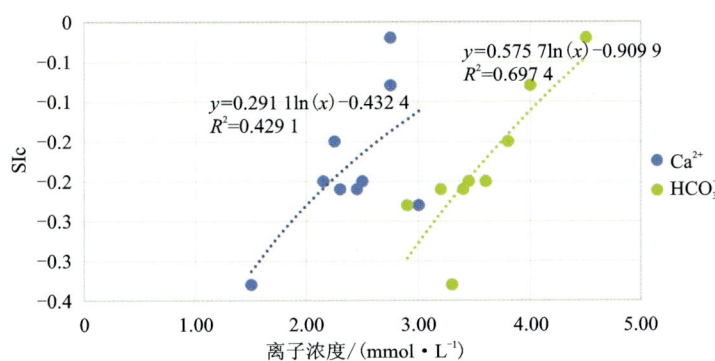

图 5.25　方解石的饱和指数与 Ca^{2+} 和 HCO_3^- 关系曲线

绘制南区第Ⅰ阶段奥灰水中白云石的饱和指数与 Ca^{2+}、Mg^{2+} 和 HCO_3^- 关系曲线（图 5.26），可以看出，第Ⅰ阶段南区白云石的饱和指数介于 $-1.8\sim-0.18$ 之间，与 Ca^{2+}、Mg^{2+} 和 HCO_3^- 的相关性一般，说明南区奥灰水中 Ca^{2+}、Mg^{2+} 和 HCO_3^- 的浓度受白云岩溶解影响较小。

绘制南区第Ⅰ阶段奥灰水中石膏的饱和指数与 Ca^{2+} 和 SO_4^{2-} 关系曲线（图 5.27），可以看出，第Ⅰ阶段南区石膏的饱和指数介于 $-1.6\sim-0.7$ 之间，与 Ca^{2+} 和 SO_4^{2-} 的浓度相关性较好，说明奥灰水中的 Ca^{2+} 和 SO_4^{2-} 与石膏的溶解关系密切，石膏溶解对 Ca^{2+} 和 SO_4^{2-} 的贡献较大。

绘制北区第Ⅰ阶段奥灰水中岩盐的饱和指数与 Na^+ 和 Cl^- 关系曲线（图 5.28），可以看出，第Ⅰ阶段岩盐的饱和指数介于 $-7.8\sim-6.5$ 之间，与 Na^+ 和 Cl^- 的浓度相关性较好，说明奥灰水中的 Na^+ 和 Cl^- 与岩盐的溶解关系密切，岩盐溶解对 Na^+ 和 Cl^- 的贡献较大。

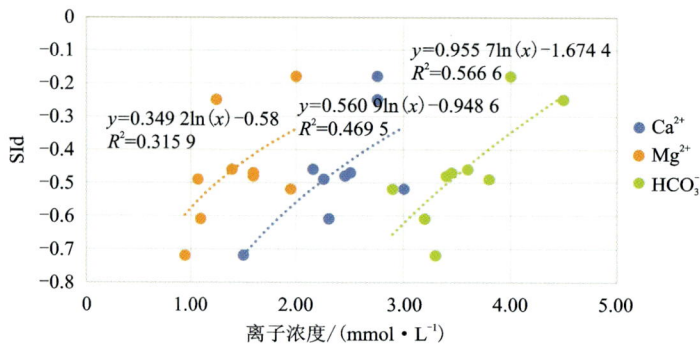

图 5.26　白云石的饱和指数与 Ca^{2+}、Mg^{2+} 和 HCO_3^- 关系曲线

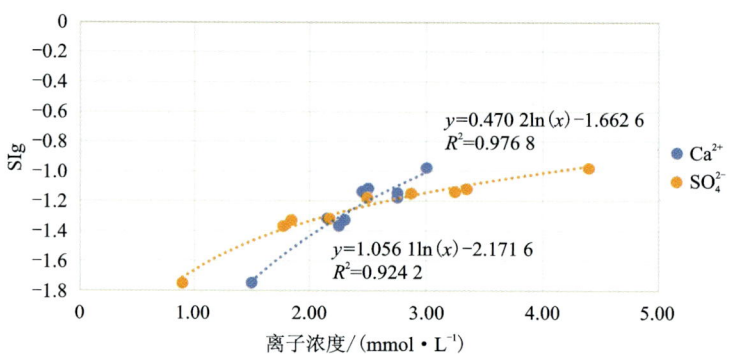

图 5.27　石膏的饱和指数与 Ca^{2+} 和 SO_4^{2-} 关系曲线

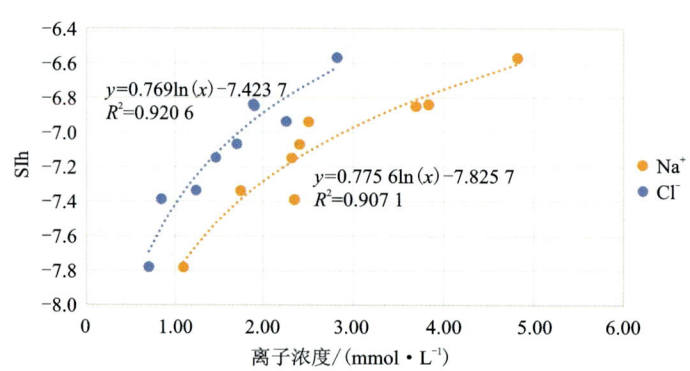

图 5.28　岩盐的饱和指数与 Na^+ 和 Cl^- 关系曲线

5.2.4.2　第Ⅱ阶段

1)北区

绘制北区第Ⅱ阶段奥灰水中方解石的饱和指数与 Ca^{2+} 和 HCO_3^- 关系曲线(图 5.29),可以看出,第Ⅱ阶段北区方解石的饱和指数介于 −0.7~0.24 之间,与 Ca^{2+} 和 HCO_3^- 的相关性较好,说明奥灰水中的 Ca^{2+} 和 HCO_3^- 与方解石的溶解关系密切,方解石溶解对 Ca^{2+} 和 HCO_3^- 的贡献较大。

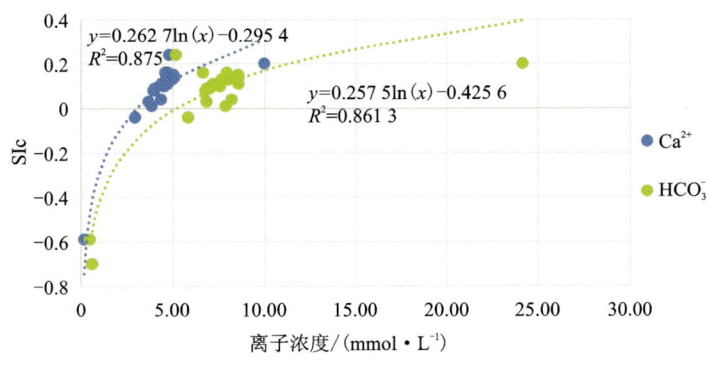

图 5.29 方解石的饱和指数与 Ca^{2+} 和 HCO_3^- 关系曲线

绘制北区第Ⅱ阶段奥灰水中白云石的饱和指数与 Ca^{2+}、Mg^{2+} 和 HCO_3^- 关系曲线(图 5.30),可以看出,第Ⅱ阶段北区白云石的饱和指数介于 $-1.1\sim0.4$ 之间,与 Ca^{2+}、HCO_3^- 和 Mg^{2+} 均呈正相关,说明奥灰水中的 Ca^{2+}、Mg^{2+} 和 HCO_3^- 与白云石的溶解具有较高的相关性,白云石溶解对 Ca^{2+}、HCO_3^- 和 Mg^{2+} 的贡献较大。

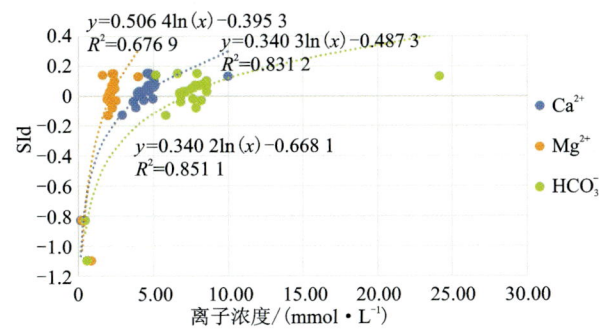

图 5.30 白云石的饱和指数与 Ca^{2+}、Mg^{2+} 和 HCO_3^- 关系曲线

绘制北区第Ⅱ阶段奥灰水中石膏的饱和指数与 Ca^{2+} 和 SO_4^{2-} 关系曲线(图 5.31),可以看出,第Ⅱ阶段北区石膏的饱和指数介于 $-3.6\sim0$ 之间,与 Ca^{2+} 和 SO_4^{2-} 的浓度正相关,相关系数大于 0.95,呈指数关系,说明某些地方石膏的浓度趋于饱和,奥灰水中的 Ca^{2+} 和 SO_4^{2-} 与石膏的溶解关系密切,石膏溶解对 Ca^{2+} 和 SO_4^{2-} 的贡献较大。

绘制北区第Ⅱ阶段奥灰水中岩盐的饱和指数与 Na^+ 和 Cl^- 关系曲线(图 5.32),可以看出,第Ⅱ阶段北区盐岩的饱和指数介于 $-8.2\sim-4.6$ 之间,与 Na^+ 和 Cl^- 的浓度相关性较好,相关系数均大于 0.8,呈指数关系,说明奥灰水中的 Na^+ 和 Cl^- 与盐岩的溶解关系密切,盐岩溶解对 Na^+ 和 Cl^- 的贡献较大。

2)南区

绘制南区第Ⅱ阶段奥灰水中方解石的饱和指数与 Ca^{2+} 和 HCO_3^- 关系曲线(图 5.33),可以看出,第Ⅱ阶段南区方解石的饱和指数介于 $-1\sim0.27$ 之间,与 Ca^{2+} 和 HCO_3^- 正相关,相关系数大于 0.85,呈指数关系,说明奥灰水中的 Ca^{2+} 和 HCO_3^- 与方解石的溶解关系密切,方解石溶解对 Ca^{2+} 和 HCO_3^- 的贡献较大。

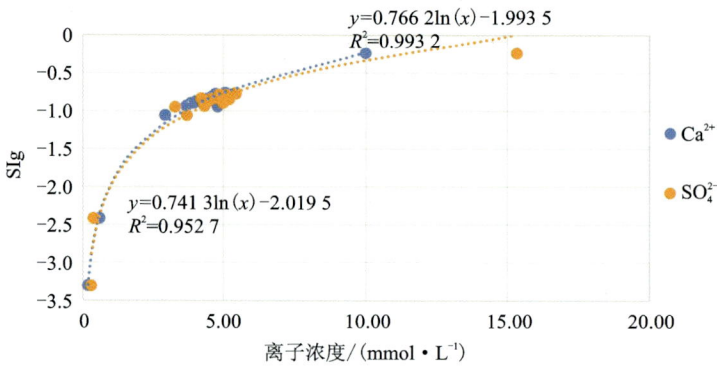

图 5.31　北区石膏的饱和指数与 Ca^{2+} 和 SO_4^{2-} 关系曲线

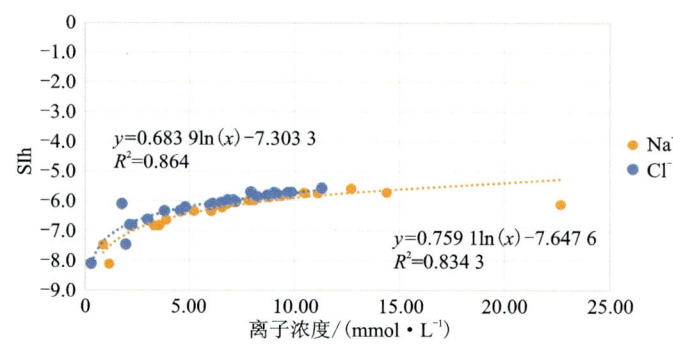

图 5.32　北区岩盐的饱和指数与 Na^+ 和 Cl^- 关系曲线

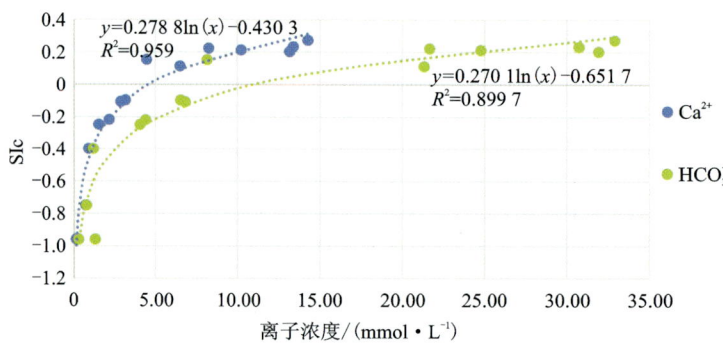

图 5.33　方解石的饱和指数与 Ca^{2+} 和 HCO_3^- 关系曲线

绘制南区第Ⅱ阶段奥灰水中白云石的饱和指数与 Ca^{2+}、Mg^{2+} 和 HCO_3^- 关系曲线(图 5.34)，可以看出，第Ⅱ阶段白云石的饱和指数介于 -2~0.4 之间，与 Ca^{2+}、HCO_3^- 和 Mg^{2+} 正相关，相关系数均大于 0.85，呈指数关系，说明奥灰水中的 Ca^{2+}、Mg^{2+} 和 HCO_3^- 与白云石的溶解关系密切，白云石溶解对 Ca^{2+}、Mg^{2+} 和 HCO_3^- 的贡献较大。

绘制南区第Ⅱ阶段奥灰水中石膏的饱和指数与 Ca^{2+} 和 SO_4^{2-} 关系曲线(图 5.35)，可以看出，第Ⅱ阶段石膏的饱和指数介于 -3.6~0 之间，说明某些地方石膏的浓度趋于饱和，与 Ca^{2+}

5 奥灰水化学特征及其形成作用

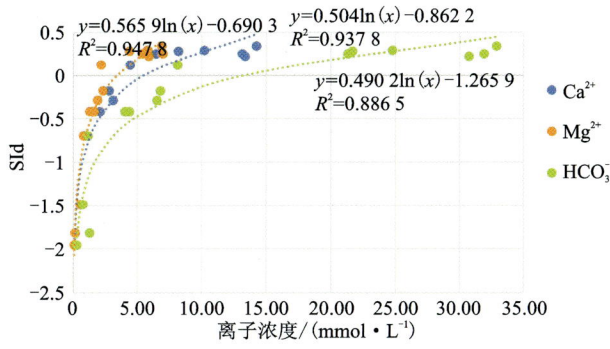

图 5.34　白云石的饱和指数与 Ca^{2+}、Mg^{2+} 和 HCO_3^- 关系曲线

和 SO_4^{2-} 正相关，相关系数大于 0.95，呈指数关系，说明奥灰水中的 Ca^{2+} 和 SO_4^{2-} 与石膏的溶解关系密切，石膏溶解对 Ca^{2+} 和 SO_4^{2-} 的贡献较大。

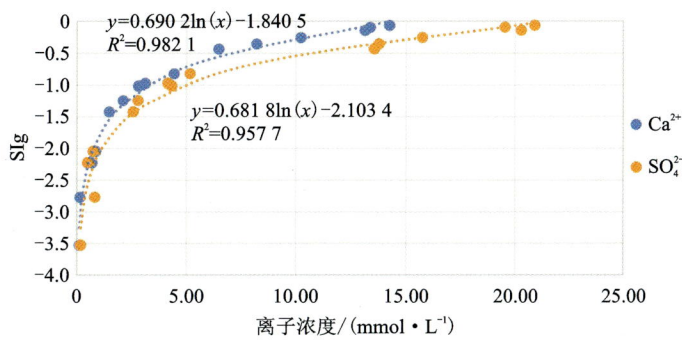

图 5.35　石膏的饱和指数与 Ca^{2+} 和 SO_4^{2-} 关系曲线

绘制南区第Ⅱ阶段奥灰水中岩盐的饱和指数与 Na^+ 和 Cl^- 关系曲线（图 5.36），可以看出，第Ⅱ阶段盐岩的饱和指数介于 $-8 \sim -4.6$ 之间，与 Na^+ 和 Cl^- 正相关，相关系数均大于 0.95，呈指数关系，说明奥灰水中的 Na^+ 和 Cl^- 与盐岩的溶解关系密切，盐岩溶解对 Na^+ 和 Cl^- 的贡献较大。

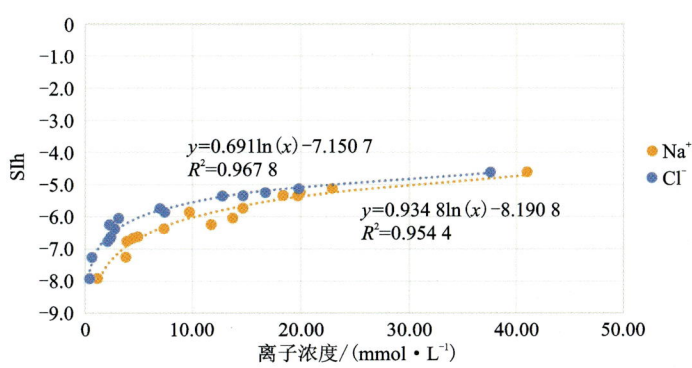

图 5.36　岩盐的饱和指数与 Na^+ 和 Cl^- 关系曲线

5.2.4.3 第Ⅲ阶段

1)北区

绘制北区第Ⅲ阶段奥灰水中方解石的饱和指数与 Ca^{2+} 和 HCO_3^- 关系曲线(图 5.37),可以看出,第Ⅲ阶段北区方解石的饱和指数介于 $-1.9 \sim 0.8$ 之间,与 Ca^{2+} 的相关性一般,与 HCO_3^- 相关性不好,说明第Ⅲ阶段奥灰水中的 Ca^{2+} 和 HCO_3^- 除了与方解石溶解有关外,还受其他复杂因素控制。相较于第Ⅱ阶段,奥灰水化学成分形成作用更加复杂。

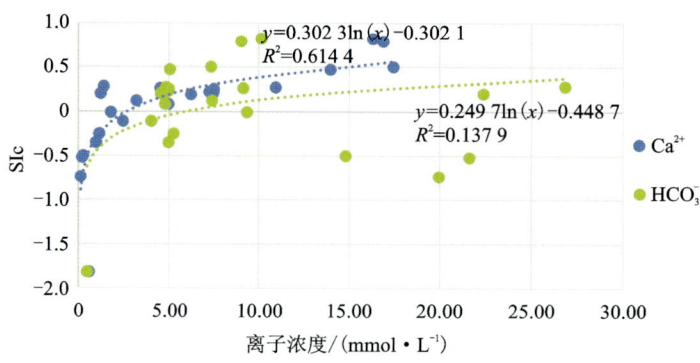

图 5.37 方解石的饱和指数与 Ca^{2+} 和 HCO_3^- 关系曲线

绘制北区第Ⅲ阶段奥灰水中白云石的饱和指数与 Ca^{2+}、Mg^{2+} 和 HCO_3^- 关系曲线(图 5.38),可以看出,第Ⅲ阶段北区白云石的饱和指数介于 $-3 \sim 1.1$ 之间,与 Ca^{2+}、Mg^{2+} 和 HCO_3^- 的相关性均不好,说明第Ⅲ阶段奥灰水中的 Ca^{2+}、Mg^{2+} 和 HCO_3^- 除了与白云石溶解有关外,还受其他复杂因素控制。相较于第Ⅱ阶段,奥灰水化学成分形成作用更加复杂。

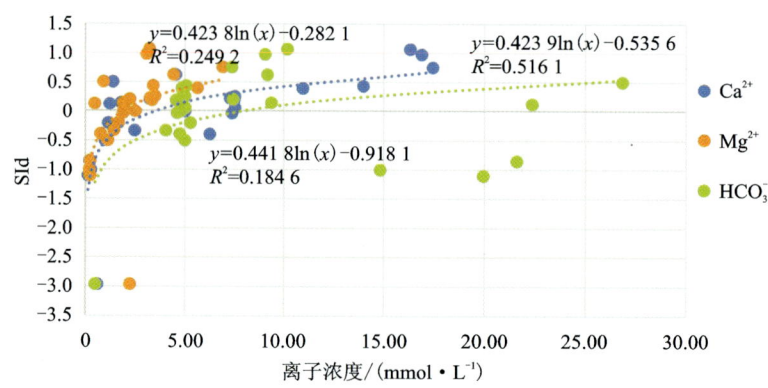

图 5.38 白云石的饱和指数与 Ca^{2+}、Mg^{2+} 和 HCO_3^- 关系曲线

绘制北区第Ⅲ阶段奥灰水中石膏的饱和指数与 Ca^{2+} 和 SO_4^{2-} 关系曲线(图 5.39),可以看出,第Ⅲ阶段石膏的饱和指数介于 $-3.1 \sim 0$ 之间,与 Ca^{2+} 相关性非常好,与 SO_4^{2-} 的相关性较好,呈指数关系,说明奥灰水中的 Ca^{2+} 与石膏的溶解关系密切。奥灰水中的 SO_4^{2-} 主要来自石膏的溶解,但还有别的来源或又发生了其他化学反应。

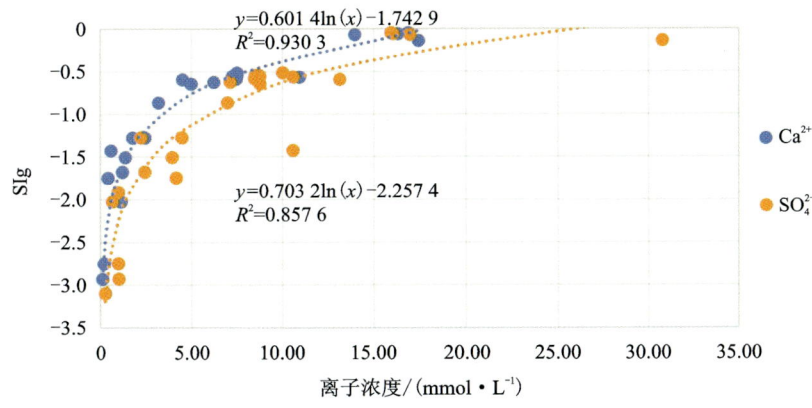

图 5.39　石膏的饱和指数与 Ca^{2+} 和 SO_4^{2-} 关系曲线

绘制北区第Ⅲ阶段奥灰水中岩盐的饱和指数与 Na^+ 和 Cl^- 关系曲线（图 5.40），可以看出，第Ⅲ阶段北区岩盐的饱和指数介于 $-7.7 \sim -3.1$ 之间，与 Na^+ 和 Cl^- 正相关，相关系数大于 0.85，呈指数关系，说明奥灰水中的 Na^+ 和 Cl^- 与岩盐的溶解关系密切，岩盐溶解对 Na^+ 和 Cl^- 的贡献较大。

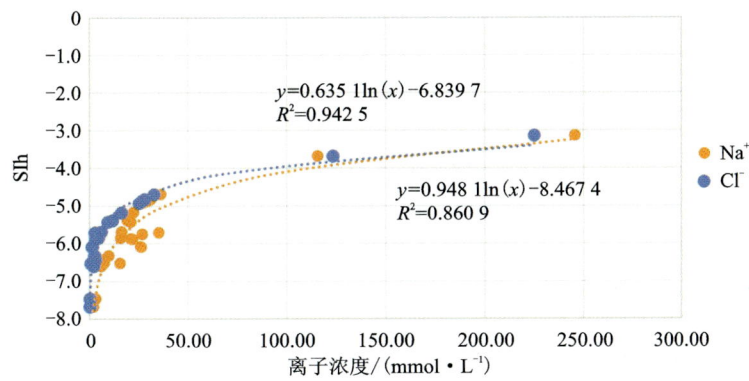

图 5.40　北区岩盐的饱和指数与 Na^+ 和 Cl^- 关系曲线

2）南区

绘制南区第Ⅲ阶段奥灰水中方解石的饱和指数与 Ca^{2+} 和 HCO_3^- 关系曲线（图 5.41），可以看出，第Ⅲ阶段南区方解石的饱和指数介于 $-0.4 \sim 0.43$ 之间，与 Ca^{2+} 的相关性一般，与 HCO_3^- 的相关性很差，说明奥灰水中的 Ca^{2+} 一定程度上受方解石溶解的影响，但 HCO_3^- 主要受其他因素控制。相较于第Ⅱ阶段，奥灰水化学成分形成作用更加复杂。

绘制南区第Ⅲ阶段奥灰水中白云石的饱和指数与 Ca^{2+}、Mg^{2+} 和 HCO_3^- 关系曲线（图 5.42），可以看出，第Ⅲ阶段南区白云石的饱和指数介于 $-0.5 \sim 0.6$ 之间，与 Ca^{2+}、HCO_3^- 和 Mg^{2+} 的相关性均较差，说明奥灰水中来自白云石溶解的 Ca^{2+}、Mg^{2+} 和 HCO_3^- 又发生了其他化学反应，导致其相关性减弱。相较于第Ⅱ阶段，奥灰水化学成分形成作用更加复杂。

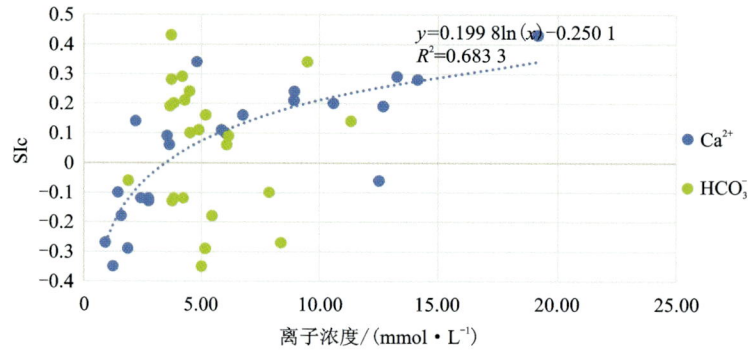

图 5.41　方解石的饱和指数与 Ca^{2+} 和 HCO_3^- 关系曲线

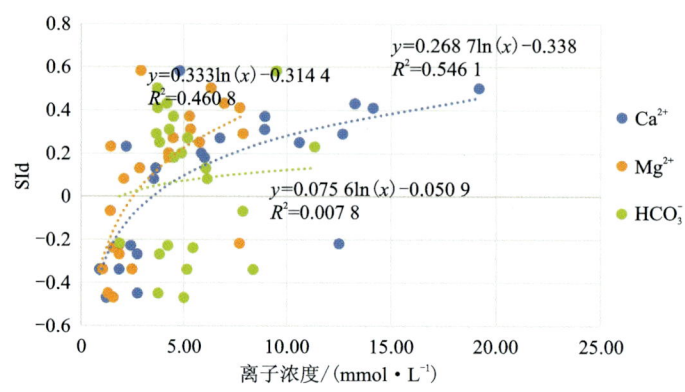

图 5.42　白云石的饱和指数与 Ca^{2+}、Mg^{2+} 和 HCO_3^- 关系曲线

绘制南区第Ⅲ阶段奥灰水中石膏的饱和指数与 Ca^{2+} 和 SO_4^{2-} 关系曲线（图 5.43），可以看出，第Ⅲ阶段南区石膏的饱和指数介于 $-1.8 \sim 0$ 之间，说明某些地方石膏的浓度趋于饱和，与 Ca^{2+} 和 SO_4^{2-} 的浓度相关性较好，相关系数大于 0.94，说明石膏溶解对 Ca^{2+} 和 SO_4^{2-} 的贡献较大。

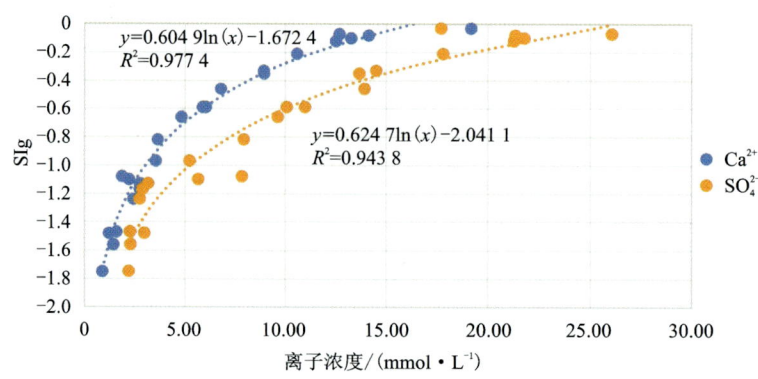

图 5.43　北区石膏的饱和指数与 Ca^{2+} 和 SO_4^{2-} 关系曲线

绘制南区第Ⅲ阶段奥灰水中岩盐的饱和指数与 Na^+ 和 Cl^- 关系曲线（图 5.44），可以看出，第Ⅲ阶段岩盐的饱和指数介于 $-6.2 \sim -4.7$ 之间，与 Na^+ 和 Cl^- 的浓度相关性较好，相关

系数均大于0.85,呈指数关系,说明奥灰水中的Na^+和Cl^-与岩盐的溶解关系密切,岩盐溶解对Na^+和Cl^-的贡献较大。

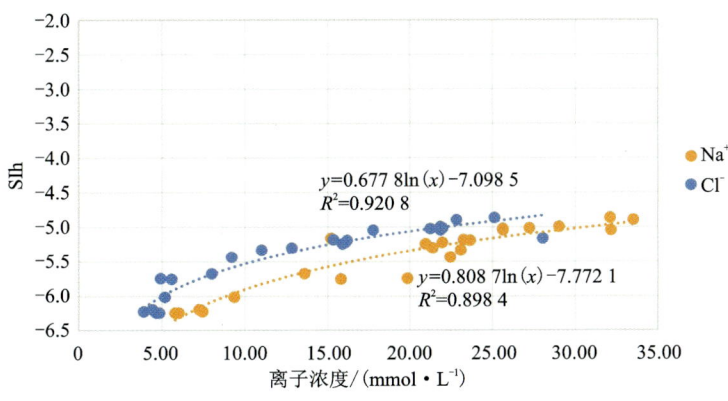

图5.44 岩盐的饱和指数与Na^+和Cl^-关系曲线

综上所述,第Ⅰ阶段,北区和南区方解石的饱和指数与Ca^{2+}、HCO_3^-相关性以及白云石的饱和指数与Ca^{2+}、Mg^{2+}、HCO_3^-相关性一般,有些甚至呈现反相关关系,主要原因是方解石和白云石溶解度小,且其溶解受奥灰水环境,如pH、水中游离CO_2含量、同离子效应等因素影响,导致其饱和指数与Ca^{2+}、Mg^{2+}、HCO_3^-的相关性一般。石膏的饱和指数与Ca^{2+}、SO_4^{2-}以及岩盐的饱和指数与Na^+、Cl^-无论是在第Ⅰ、第Ⅱ阶段还是第Ⅲ阶段均呈现非常好的相关性,说明石膏溶解对奥灰水中的Ca^{2+}和SO_4^{2-}起控制作用,而岩盐溶解对Na^+和Cl^-起控制作用,且因其溶解度大,不易受其他因素影响。

5.3 奥灰水化学类型

以水质检测数据为基础,对3个阶段奥灰水化学类型进行划分。第Ⅰ阶段奥灰水化学类型以HCO_3-Na型、$HCO_3 \cdot SO_4$-Ca·Na型和$SO_4 \cdot HCO_3$-Ca型为主,个别点出现$SO_4 \cdot Cl$-Ca·Na型和$Cl \cdot SO_4$-Ca·Na型;第Ⅱ阶段奥灰水化学类型以$SO_4 \cdot HCO_3$-Ca型、$SO_4 \cdot Cl$-Ca·Na型和$SO_4 \cdot Cl$-Na·Ca型为主,个别点出现HCO_3-Na型;第Ⅲ阶段奥灰水化学类型呈现多样化,以SO_4-Ca型、$SO_4 \cdot Cl$-Na型、$Cl \cdot SO_4$-Na·Ca型为主,同时有HCO_3-Na型、$SO_4 \cdot HCO_3 \cdot Cl$-Na·Ca型和Cl-Na型出现。结合奥灰水TDS的变化规律,由第Ⅰ阶段的844.53mg/L上升到第Ⅱ阶段的1 487.09mg/L,第Ⅲ阶段达到2 721.86mg/L,可以看出从第Ⅰ阶段到第Ⅲ阶段奥灰水出现咸化,阴离子主导类型也由HCO_3型过渡到SO_4型再到Cl型,阳离子由以Ca^{2+}为主演变为以Na^+为主。

从研究区奥灰水的Piper三线图(图5.45)可以看出,从第Ⅰ阶段到第Ⅲ阶段阳离子逐渐由混合型过渡为Na型;而阴离子分布较为分散,但整体来看第Ⅰ阶段阴离子以混合型(无主导型)、SO_4型和HCO_3型为主,无Cl型,第Ⅱ阶段仍以混合型、SO_4型和HCO_3型为主,虽无Cl型,但Cl^-占比增加;第Ⅲ阶段Cl^-占比进一步增加,水化学类型呈现多样化,混合型、SO_4型、HCO_3型和Cl型均出现。从上部菱形分区可以看出,第Ⅰ阶段以混合型为主,第Ⅱ阶段仍以混合型为主，出现部分 SO_4-Ca 型和 HCO_3-Na 型，第Ⅲ阶段水化学类型更离散同时存在 SO_4-Ca 型、Cl-Na 型、HCO_3-Na 型和混合型。

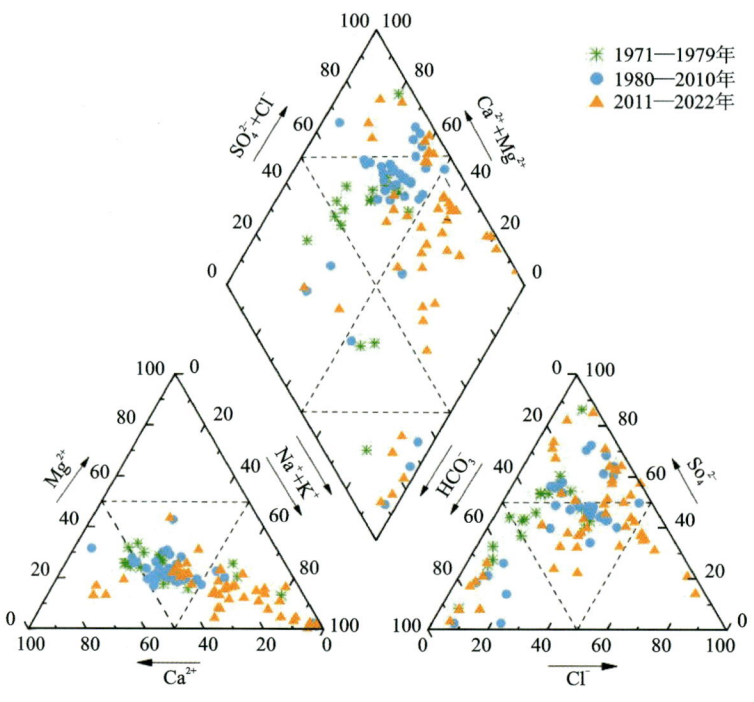

图 5.45　韩城矿区奥灰水 Piper 三线图

说明从第Ⅰ阶段到第Ⅲ阶段地下水化学类型由混合型逐步过渡到 SO_4-Ca 型、SO_4-Na 型和 Na-Cl 型，结合上述离子浓度和 TDS 的变化可以看出，研究区奥灰水中 SO_4^{2-}、Cl^- 和 Na^+ ＋ K^+ 浓度的大幅增加改变了奥灰水的水化学类型。结合奥灰水动力场演化分析，在超采和煤矿涌（突）水的影响下，边浅部奥灰水水位大幅下降引发西北深部高 TDS 水的大量补给使得奥灰水水化学类型趋向复杂化。

由于 Piper 三线图仅能看出水的化学类型，无法显示水的 TDS 和 pH，因此，对 Piper 图进行了改进，绘制了 Durov 图（图 5.46），从图 5.46 可以看出，从第Ⅰ阶段到第Ⅱ、第Ⅲ阶段，奥灰水的 TDS 平均值不断增加，且平均 pH 呈现降低趋势，pH 的降低可能是由酸性矿井水向凿开河、盘河和潭水河排泄后又补给奥灰水所致，或者奥灰水受井下矿井水污染所致，具体原因还需要进一步论证。

5.4　奥灰水离子比例演化

5.4.1　离子比例系数

奥灰水中主要离子之间的比例关系可以反映离子来源，有助于揭示奥灰水的形成作用（Sun and Gui，2013）。对韩城矿区奥灰水在上述 3 个阶段主要离子之间的比例关系进行了分析，并绘制主要离子比例关系图。

5 奥灰水化学特征及其形成作用

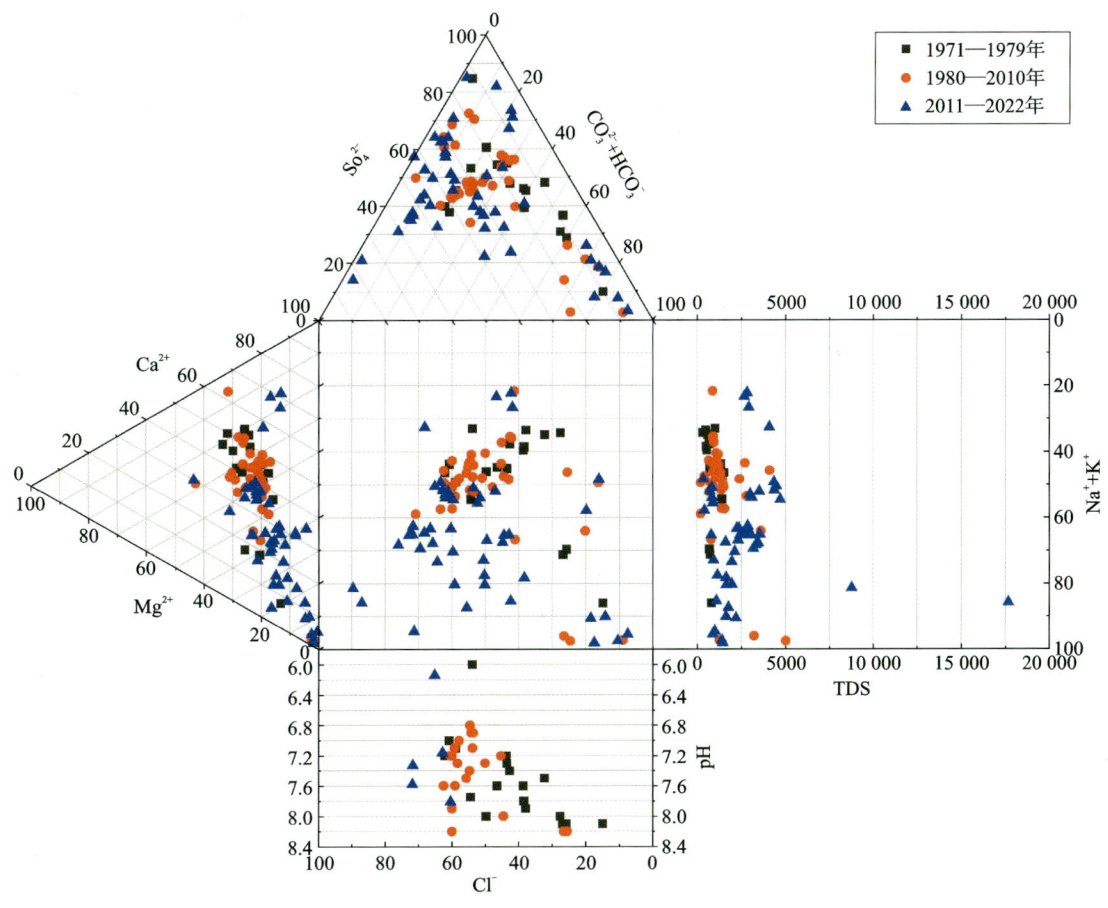

图 5.46 韩城矿区奥灰水 Durov 图

1) $\gamma(Na^+)/\gamma(Cl^-)$

天然条件下,地下水中 Na^+ 和 Cl^- 多数来源于岩盐的溶解,Na^+ 还可来源于硅酸盐岩的风化,以及阳离子交换吸附作用。$\gamma(Na^+)$ 与 $\gamma(Cl^-)$ 的比值可以反映其主要来源。研究区第Ⅰ、第Ⅱ、第Ⅲ阶段 $\gamma(Na^+)$ 与 $\gamma(Cl^-)$ 的比值见图 5.47。整体来看,水样点基本全部落在1∶1线的上方,说明奥灰水中 Na^+ 含量普遍大于 Cl^- 含量,有 3 种可能的原因:①来自岩盐溶解的 Cl^- 发生了迁移,但 Cl^- 在水中化学性质稳定,基本不发生迁移,因此排除 Cl^- 被其他反应中和的可能性。②除了来源于岩盐溶解的 Na^+ 以外,Na^+ 还有其他来源,例如常见的长石等矿物的溶解。研究区碳酸盐岩中虽含有泥质成分,但由于奥灰水偏中性,在该条件下铝硅酸盐溶解度非常低,且溶解速度非常慢,因此,排除长石等矿物溶解产生的 Na^+。③阳离子交换吸附作用,水中的 Ca^{2+} 和 Mg^{2+} 被围岩(泥灰岩中的硅酸盐岩)的 Na^+ 置换,因此多余的 Na^+ 更有可能来自阳离子交换吸附作用。

图 5.47a 中北区奥灰水的 $\gamma(Na^+)$ 与 $\gamma(Cl^-)$ 的比值大于南区,反映出第Ⅰ阶段北区奥灰水的 Na^+ 含量更高;而图 5.47b 中南区奥灰水的 $\gamma(Na^+)$ 与 $\gamma(Cl^-)$ 的比值大于北区,反映出第Ⅱ阶段南区奥灰水的 Na^+ 含量更高;图 5.47c 中南区与北区奥灰水的 $\gamma(Na^+)$ 与 $\gamma(Cl^-)$ 的

比值基本接近,北区 Na^+ 含量略高,均位于1∶1线以上。

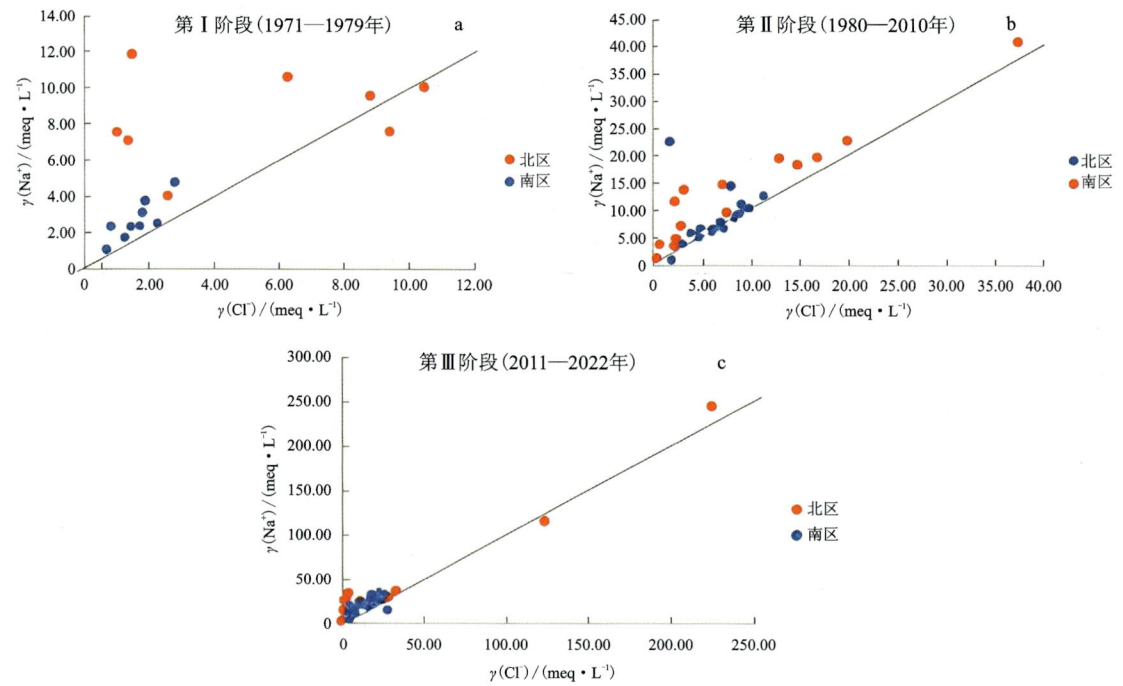

图 5.47 研究区奥灰水 $\gamma(Na^+)/\gamma(Cl^-)$ 散点图

2)$\gamma(Ca^{2+}+Mg^{2+})/\gamma(HCO_3^-)$

当 $\gamma(Ca^{2+}+Mg^{2+})/\gamma(HCO_3^-)=1$ 时,说明地下水中的 Ca^{2+}、Mg^{2+} 和 HCO_3^- 主要来源为碳酸盐岩的溶解(Cloutier et al.,2008)。绘制 $\gamma(Ca^{2+}+Mg^{2+})/\gamma(HCO_3^-)$ 散点图(图 5.48),整体来看,第Ⅰ、第Ⅱ和第Ⅲ阶段绝大多数水样点位于1∶1线以上,部分水样点位于1∶1线以下。从第Ⅰ到第Ⅲ阶段 $\gamma(Ca^{2+}+Mg^{2+})/\gamma(HCO_3^-)$ 的比值逐步增大,第Ⅰ阶段为2.2,第Ⅱ阶段为3.54,第Ⅲ阶段为4.19。说明研究区在第Ⅰ、第Ⅱ、第Ⅲ阶段绝大多数奥灰水水样点中 Ca^{2+}、Mg^{2+} 除了来自碳酸盐岩的溶解外,还有其他来源(如阳离子交换吸附作用),亦或发生了脱碳酸作用使水中的 HCO_3^- 浓度下降。

从图 5.48a 可以看出,第Ⅰ阶段北区水样点较为分散,而南区水样点较为集中,且北区 Ca^{2+}、Mg^{2+} 和 HCO_3^- 的当量浓度较南区大;从图 5.48b 可以看出,第Ⅱ阶段北区的水样点较为集中,而南区的变分散,水样点横向变幅很小,而纵向变幅较大,说明 Ca^{2+} 和 Mg^{2+} 的增幅大于 HCO_3^-;从图 5.48c 可以看出,第Ⅲ阶段南区的水样点的 Ca^{2+} 和 Mg^{2+} 浓度较大,而北区 HCO_3^- 的当量浓度较大。南区和北区水样点 Ca^{2+}、Mg^{2+} 和 HCO_3^- 的离散性和当量浓度增加严格对应于奥灰水的高强度抽采和涌(突)水时段,反映出高强度抽采和涌(突)水改变了奥灰水天然条件下的水化学形成作用,使离子的当量浓度增加。

3)$\gamma(Ca^{2+})/\gamma(SO_4^{2-})$

$\gamma(Ca^{2+})/\gamma(SO_4^{2-})$ 的比值可以反映奥灰水中 Ca^{2+} 和 SO_4^{2-} 的来源,当 $\gamma(Ca^{2+})/\gamma(SO_4^{2-})=1$ 时,说明奥灰水中的 Ca^{2+} 全部来自石膏的溶解。$\gamma(Ca^{2+})/\gamma(SO_4^{2-})$ 大于1时,说明 Ca^{2+} 不完

5 奥灰水化学特征及其形成作用

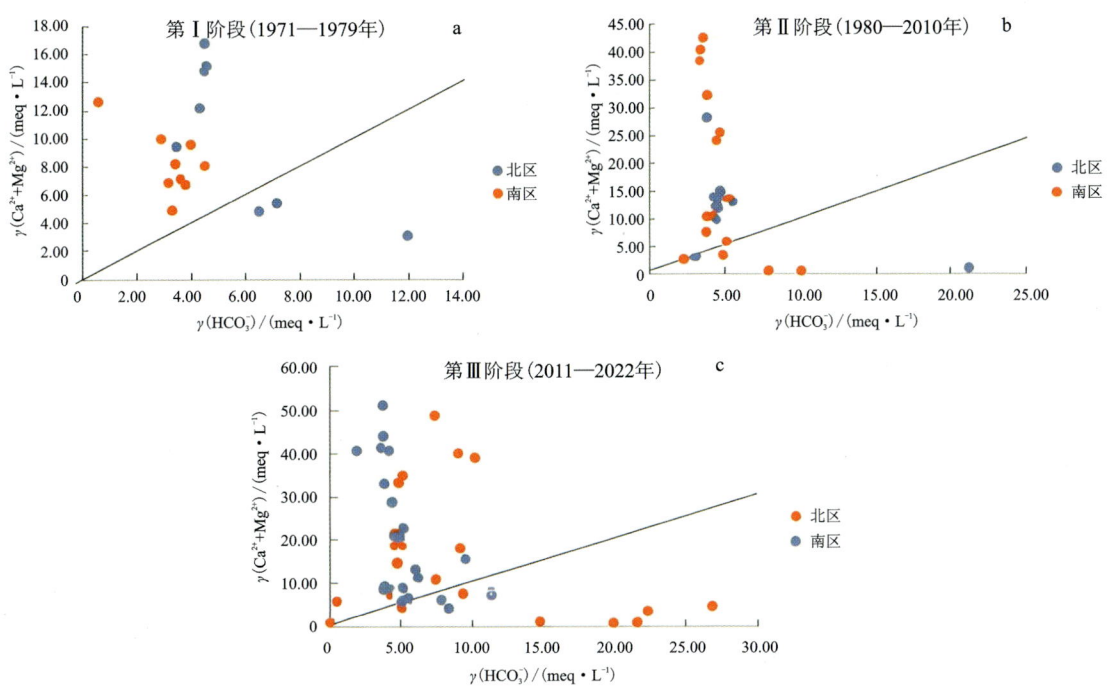

图 5.48 研究区奥灰水 $\gamma(Ca^{2+}+Mg^{2+})/\gamma(HCO_3^-)$ 散点图

全来自石膏溶解，还有其他来源，或发生了脱硫酸作用导致 SO_4^{2-} 浓度降低；若 $\gamma(Ca^{2+})/\gamma(SO_4^{2-})$ 小于 1 时，则说明 SO_4^{2-} 不完全来自石膏溶解，还有其他来源，或 Ca^{2+} 被交换吸附。绘制研究区奥灰水 $\gamma(Ca^{2+})/\gamma(SO_4^{2-})$ 的散点图（图 5.49）。

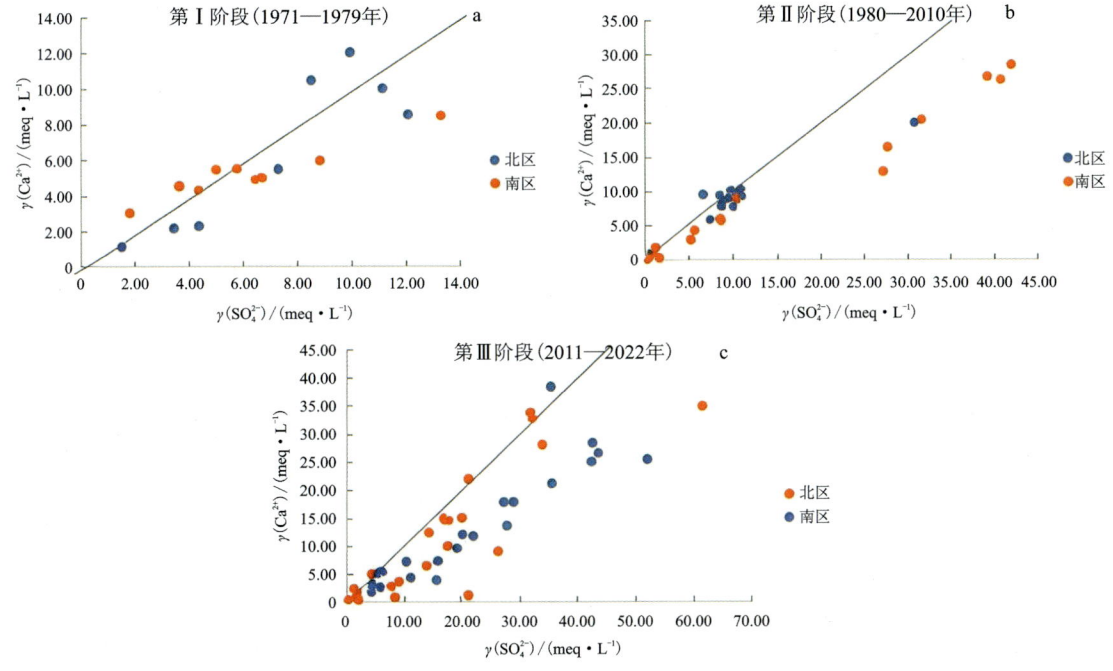

图 5.49 研究区奥灰水 $\gamma(Ca^{2+})/\gamma(SO_4^{2-})$ 散点图

从图 5.49a 可以看出，第Ⅰ阶段，北区奥灰水水样点多数位于 1∶1 线以下，说明第Ⅰ阶段北区奥灰水的 SO_4^{2-} 当量浓度大于 Ca^{2+}，而南区奥灰水样点分布于 1∶1 线上下。

从图 5.49b 可以看出，第Ⅱ阶段，北区奥灰水水样点多数仍位于 1∶1 线以下，与第Ⅰ阶段基本一致，而南区完全不同于第Ⅰ阶段，绝大多数奥灰水样点位于 1∶1 线以下，说明 SO_4^{2-} 的增幅大于 Ca^{2+}，且 Ca^{2+} 和 SO_4^{2-} 的当量浓度大幅增加，使得北区水样点相对集中于一个低值范围。

从图 5.49c 可以看出，第Ⅲ阶段，北区和南区绝大多数水样点均位于 1∶1 线以下，同样说明 SO_4^{2-} 的增幅大于 Ca^{2+}，Ca^{2+} 和 SO_4^{2-} 的当量浓度大幅增加，且南区和北区 Ca^{2+} 和 SO_4^{2-} 的当量浓度基本相等，即第Ⅲ阶段北区 Ca^{2+} 和 SO_4^{2-} 的增幅较大，不仅弥补了第Ⅱ阶段与南区的差距，且在第Ⅲ阶段南区 Ca^{2+} 和 SO_4^{2-} 浓度继续增加的条件下，与北区离子浓度持平。

整体上从第Ⅰ到第Ⅲ阶段，Ca^{2+} 和 SO_4^{2-} 的当量浓度呈增长趋势，且 $\gamma(Ca^{2+})/\gamma(SO_4^{2-})$ 比值越来越小，说明 SO_4^{2-} 的当量浓度增幅大于 Ca^{2+}。可能的原因是：①石膏溶解产生的 Ca^{2+} 被交换吸附；②石膏、方解石和白云石溶解均会产生 Ca^{2+}，受同离子效应的影响，即石膏溶解在贡献 SO_4^{2-} 的同时，其产生的 Ca^{2+} 可能会导致方解石或白云石沉淀，而使奥灰水中 SO_4^{2-} 的当量浓度增幅大于 Ca^{2+}；③奥灰水受到排向河流的矿井水或穿层流动的老空水的补给。

4）$\gamma(Ca^{2+}+Mg^{2+})/\gamma(HCO_3^-+SO_4^{2-})$

研究区奥陶系既赋存碳酸盐岩也赋存硫酸盐岩，因此，可通过 $\gamma(Ca^{2+}+Mg^{2+})/\gamma(HCO_3^-+SO_4^{2-})$ 的比值判断 Ca^{2+}、Mg^{2+}、HCO_3^- 和 SO_4^{2-} 的主要来源。绘制研究区奥灰水的 $\gamma(Ca^{2+}+Mg^{2+})/\gamma(HCO_3^-+SO_4^{2-})$ 的比值散点图（图 5.50）。

从图 5.50a 可以看出，第Ⅰ阶段，研究区大部分奥灰水样点位于 1∶1 线附近，而北区离子当量浓度大于南区，且较为离散，南区水样点基本靠近 1∶1 线，反映出南区奥灰水中 Ca^{2+}、Mg^{2+}、HCO_3^- 和 SO_4^{2-} 基本全部来自方解石、白云石和石膏的溶解，而北区除了有方解石、白云石和石膏的溶解外，还存在其他水岩作用，北区的水化学形成作用较南区复杂。

从图 5.50b 可以看出，第Ⅱ阶段，Ca^{2+}、Mg^{2+}、HCO_3^- 和 SO_4^{2-} 的当量浓度大幅增加，其中南区增幅较大，且南区水样点一部分分布在高值区，一部分分布在低值区，北区水样点集中在高值区与低值区中间，反映出南区位于高值区的水样点 Ca^{2+}、Mg^{2+}、HCO_3^- 和 SO_4^{2-} 的当量浓度增幅较大；同时绝大多数水样点位于靠近 1∶1 线的下方，反映出 HCO_3^- 和 SO_4^{2-} 的增幅大于 Ca^{2+}、Mg^{2+}，又由于 HCO_3^- 在第Ⅱ阶段增幅微小，因此 $(HCO_3^-+SO_4^{2-})$ 的增幅主要由 SO_4^{2-} 贡献；且若将 1∶1 线向下平移，水样点仍基本位于 1∶1 线上，说明 HCO_3^- 和 SO_4^{2-} 的增幅为一常数，来自方解石、白云石和石膏以外的 HCO_3^- 和 SO_4^{2-} 浓度接近一固定值。

从图 5.50c 可以看出，第Ⅲ阶段，Ca^{2+}、Mg^{2+}、HCO_3^- 和 SO_4^{2-} 的当量浓度仍有大幅增加，北区和南区离子当量浓度基本持平，同时绝大多数水样点位于 1∶1 线以下，反映出 HCO_3^- 和 SO_4^{2-} 的增幅大于 Ca^{2+}、Mg^{2+}，且比例关系偏离 1∶1。

整体来看，从第Ⅰ阶段到第Ⅲ阶段，Ca^{2+}、Mg^{2+}、HCO_3^- 和 SO_4^{2-} 的当量浓度呈增长趋势，且 $\gamma(Ca^{2+}+Mg^{2+})/\gamma(HCO_3^-+SO_4^{2-})$ 的比值越来越小，说明 $HCO_3^-+SO_4^{2-}$ 的当量浓度增幅大于 $Ca^{2+}+Mg^{2+}$。而从 5.2.1 小节可知，HCO_3^- 在第Ⅱ、第Ⅲ阶段增幅均不大，因此 $HCO_3^-+SO_4^{2-}$ 当量浓度的增加主要由 SO_4^{2-} 贡献。

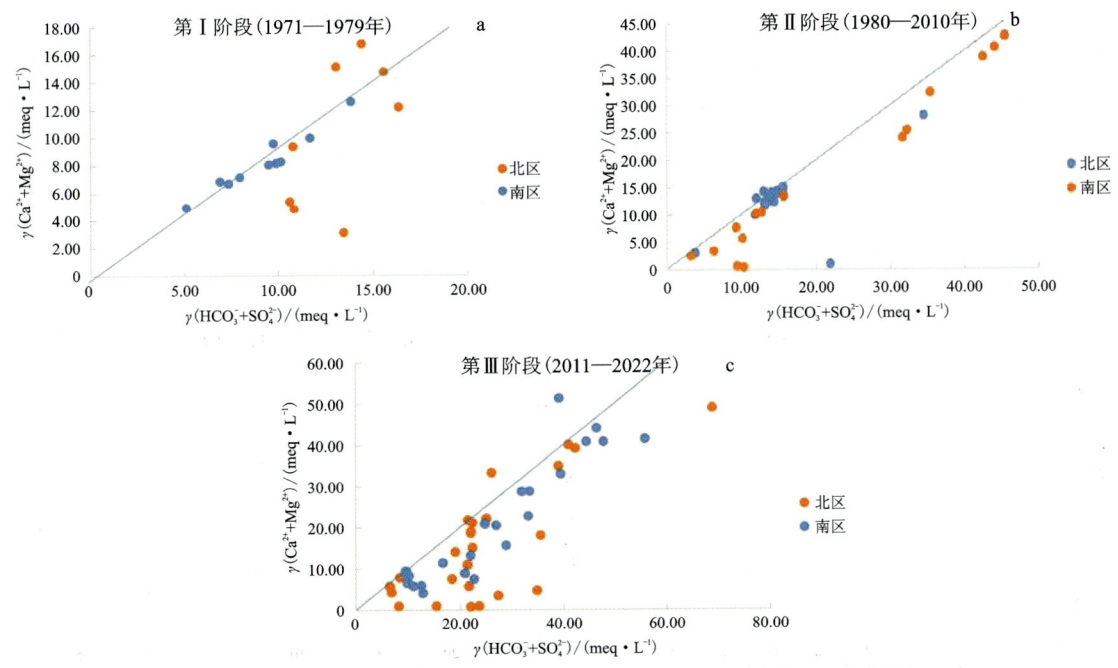

图 5.50　研究区奥灰水 $\gamma(Ca^{2+}+Mg^{2+})/\gamma(HCO_3^-+SO_4^{2-})$ 散点图

综合 $\gamma(Ca^{2+}+Mg^{2+})/\gamma(HCO_3^-)$、$\gamma(Ca^{2+})/\gamma(SO_4^{2-})$ 和 $\gamma(Ca^{2+}+Mg^{2+})/\gamma(HCO_3^-+SO_4^{2-})$ 比值关系图(图5.48～图5.50)来看,图5.48中 $\gamma(Ca^{2+}+Mg^{2+})/\gamma(HCO_3^-)$ 的比值偏离1∶1线,而图5.49和图5.50中 $\gamma(Ca^{2+})/\gamma(SO_4^{2-})$ 和 $\gamma(Ca^{2+}+Mg^{2+})/\gamma(HCO_3^-+SO_4^{2-})$ 的比值更靠近1∶1线,说明研究区石膏的溶解比碳酸盐岩的溶解对奥灰水的贡献大。该结论与5.2节TDS和离子浓度关系的分析结论一致。

5) $\gamma(Na^+-Cl^-)/\gamma[(Ca^{2+}+Mg^{2+})-(HCO_3^-+SO_4^{2-})]$

(Na^+-Cl^-) 代表除了岩盐的溶解作用外的 Na^+ 离子含量,$[(Ca^{2+}+Mg^{2+})-(HCO_3^-+SO_4^{2-})]$ 代表了除方解石、白云石和石膏溶解以外所产生的 Ca^{2+} 和 Mg^{2+}。$\gamma(Na^+-Cl^-)/\gamma[(Ca^{2+}+Mg^{2+})-(HCO_3^-+SO_4^{2-})]$ 的比值关系可以反映出水中是否发生了阳离子交换反应。如果水样点的 $\gamma(Na^+-Cl^-)/\gamma[(Ca^{2+}+Mg^{2+})-(HCO_3^-+SO_4^{2-})]$ 比值落在1∶1线上,则说明发生了阳离子交换反应。绘制研究区奥灰水样点 $\gamma(Na^+-Cl^-)/\gamma[(Ca^{2+}+Mg^{2+})-(HCO_3^-+SO_4^{2-})]$ 比值的散点图(图5.51)。

从图5.51a可以看出,第Ⅰ阶段,北区和南区水样点基本位于第Ⅱ象限,即 $(Na^+-Cl^-)>0$,$[(Ca^{2+}+Mg^{2+})-(HCO_3^-+SO_4^{2-})]<0$,且水样点基本落在1∶1线上。说明方解石、白云石、石膏溶解产生的 Ca^{2+} 和 Mg^{2+} 被围岩的 Na^+ 置换了。同时北区有2个水样点落在第Ⅳ象限,说明北区部分区域发生了反向阳离子交换吸附作用,即围岩的 Ca^{2+} 和 Mg^{2+} 置换了水中的 Na^+。

从图5.51b可以看出,第Ⅱ阶段,南区绝大多数水样点均位于第Ⅱ象限,且位于1∶1线上,说明方解石、白云石、石膏溶解产生的 Ca^{2+} 和 Mg^{2+} 被围岩的 Na^+ 置换了。而北区部分水样点位于第Ⅱ象限,水中的 Ca^{2+} 和 Mg^{2+} 被围岩的 Na^+ 置换了;部分位于第Ⅰ象限,即 $(Na^+-$

$Cl^-)>0$,$[(Ca^{2+}+Mg^{2+})-(HCO_3^-+SO_4^{2-})]>0$,说明该部分水中发生了脱碳酸或脱硫酸作用,导致奥灰水中的HCO_3^-和SO_4^{2-}浓度降低,在采矿扰动条件下,脱碳酸作用更容易发生。

从图5.51c可以看出,第Ⅲ阶段,绝大多数水样点均位于第Ⅱ象限,说明水中的Ca^{2+}和Mg^{2+}被围岩的Na^+置换了,但水样点相较于第Ⅰ、第Ⅱ阶段略偏离1∶1线,说明(Na^+)增加的幅度与($Ca^{2+}+Mg^{2+}$)减小的幅度不对等,除了有阳离子交换吸附作用外还存在其他水化学反应导致水样点略微偏离1∶1线。有2个水样点位于第Ⅳ象限,说明部分区域发生了反向阳离子交换吸附作用,即围岩的Ca^{2+}和Mg^{2+}置换了水中的Na^+。

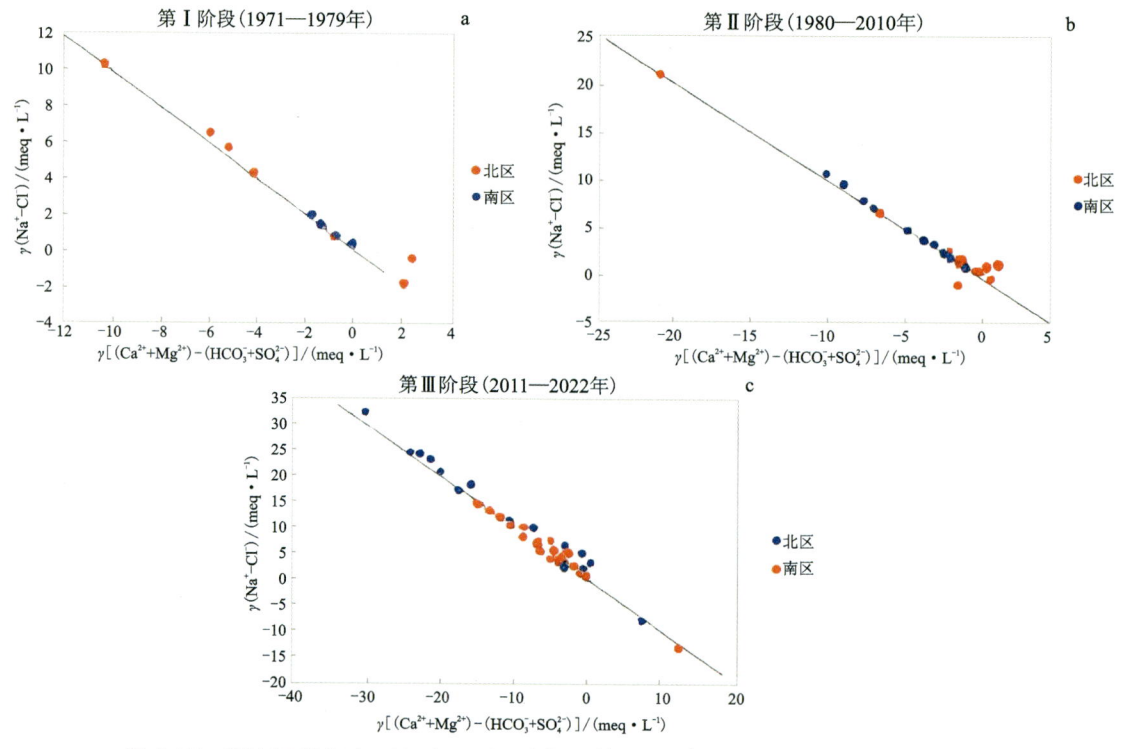

图5.51 研究区奥灰水 $\gamma(Na^+-Cl^-)/\gamma[(Ca^{2+}+Mg^{2+})-(HCO_3^--SO_4^{2-})]$散点图

6)$\gamma(Cl^-+SO_4^{2-})/\gamma(HCO_3^-)$

$\gamma(Cl^-+SO_4^{2-})$与$\gamma(HCO_3^-)$的比值能够反映水中岩盐、硫酸盐岩和碳酸盐岩对主要阴离子的贡献程度。绘制研究区奥灰水样点$\gamma(Cl^-+SO_4^{2-})$与$\gamma(HCO_3^-)$比值散点图(图5.52)。整体来看,$Cl^-+SO_4^{2-}$的当量浓度大于HCO_3^-,说明奥灰水中岩盐和硫酸盐的溶解对奥灰水化学成分的形成作用大于碳酸盐岩的溶解,该结论与$\gamma(Ca^{2+})/\gamma(HCO_3^-)$、$\gamma(Ca^{2+})/\gamma(SO_4^{2-})$和$\gamma(Ca^{2+}+Mg^{2+})/\gamma(HCO_3^-+SO_4^{2-})$比值关系分析结果一致。

从图5.52a可以看出,第Ⅰ阶段,绝大多数水样点位于1∶1线以上,说明研究区奥灰水中岩盐和硫酸盐的溶解量大于碳酸盐岩的溶解量。北区部分水样点位于1∶1线以下,说明这几个水样点所在位置碳酸盐岩的溶解量大于岩盐和硫酸盐的溶解量,可能与黄河水的补给有关。

从图5.52b可以看出,第Ⅱ阶段,水样点分布规律与第Ⅰ阶段类似,区别在于第Ⅱ阶段离子当量浓度大幅增加,且南区水样点的当量浓度大于北区。

从图 5.52c 可以看出,第Ⅲ阶段,水样点分布规律与第Ⅰ、第Ⅱ阶段类似,区别在于第Ⅲ阶段离子当量浓度继续大幅增加,且北区水样点的当量浓度大于南区。同时北区部分采样点(HCO_3^-)当量浓度远远大于($Cl^- + SO_4^{2-}$)的当量浓度,可能与黄河水的补给有关。

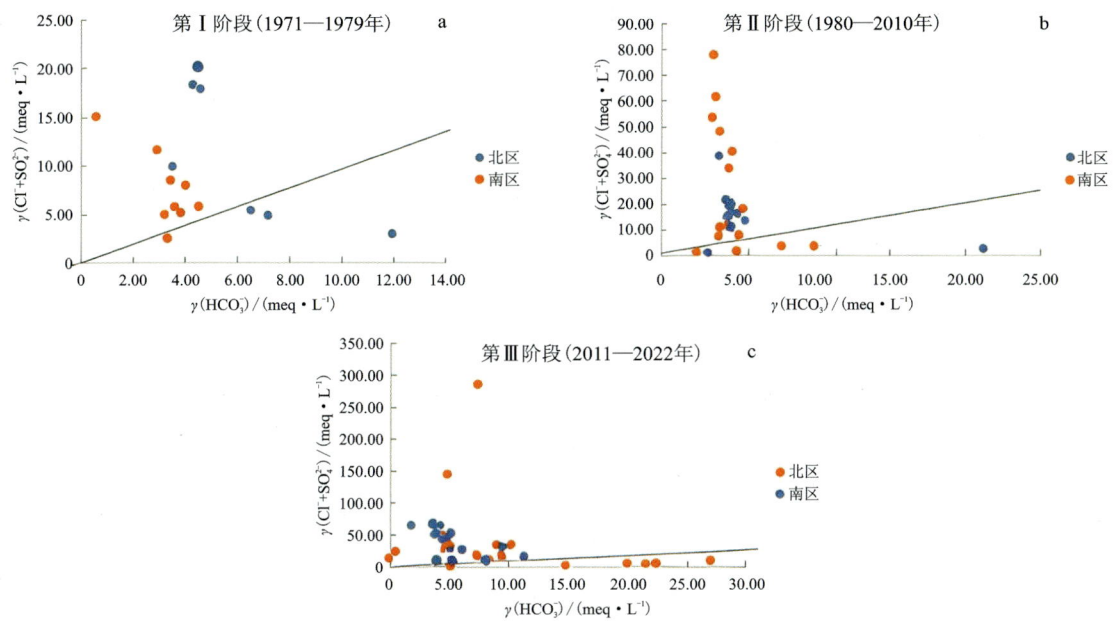

图 5.52 研究区奥灰水 $\gamma(Cl^- + SO_4^{2-})/\gamma(HCO_3^-)$ 散点图

7) $\gamma(Ca^{2+})/\gamma(Mg^{2+})$

$\gamma(Ca^{2+})/\gamma(Mg^{2+})$ 可以用来反映方解石、白云石和石膏的溶解情况,当两者的比例接近1时,说明白云石是主要溶解的碳酸盐矿物;当比率升高时,说明同时有方解石或(和)石膏溶解;而当该比例超过2时,说明硫酸盐矿物的溶解为主要过程。绘制研究区奥灰水 $\gamma(Ca^{2+})/\gamma(Mg^{2+})$ 比值散点图,并添加 1∶1、2∶1 和 3∶1 比值线(图 5.53)。

从图 5.53a 可以看出,第Ⅰ阶段,南区水样点多集中在 2∶1 线附近,反映出南区既有白云石、方解石的溶解,还有石膏的溶解;北区水样点分布离散,部分落在 2∶1 线以上,部分落在 1∶1 线以下,Ca^{2+} 的高值可能由石膏溶解造成,而 Mg^{2+} 的高值可能由石膏溶解导致的去白云石化作用造成。

从图 5.53b 可以看出,第Ⅱ阶段,北区和南区所有水样点均位于 3∶1 线和 1∶1 线之间,位于 1∶1 线以上说明研究区奥灰水成分形成作用包括了白云石、方解石和石膏的溶解,位于 3∶1 线以下说明石膏的溶解使 Ca^{2+} 浓度增大的同时,Mg^{2+} 浓度也在增大,即存在去白云石化作用。北区水样点位于 2∶1 线附近,南区水样点多数位于 2∶1 线和 1∶1 线之间。

从图 5.53c 可以看出,第Ⅲ阶段,北区水样点分布离散,部分位于 1∶1 线以下,部分位于 3∶1 线以上,推测采煤活动加上涌(突)水使北区奥灰水化学成分的形成作用更加复杂;南区水样点多数位于 2∶1 线和 1∶1 线之间,基本与第Ⅰ、第Ⅱ阶段保持一致,仅当量浓度大幅增加。

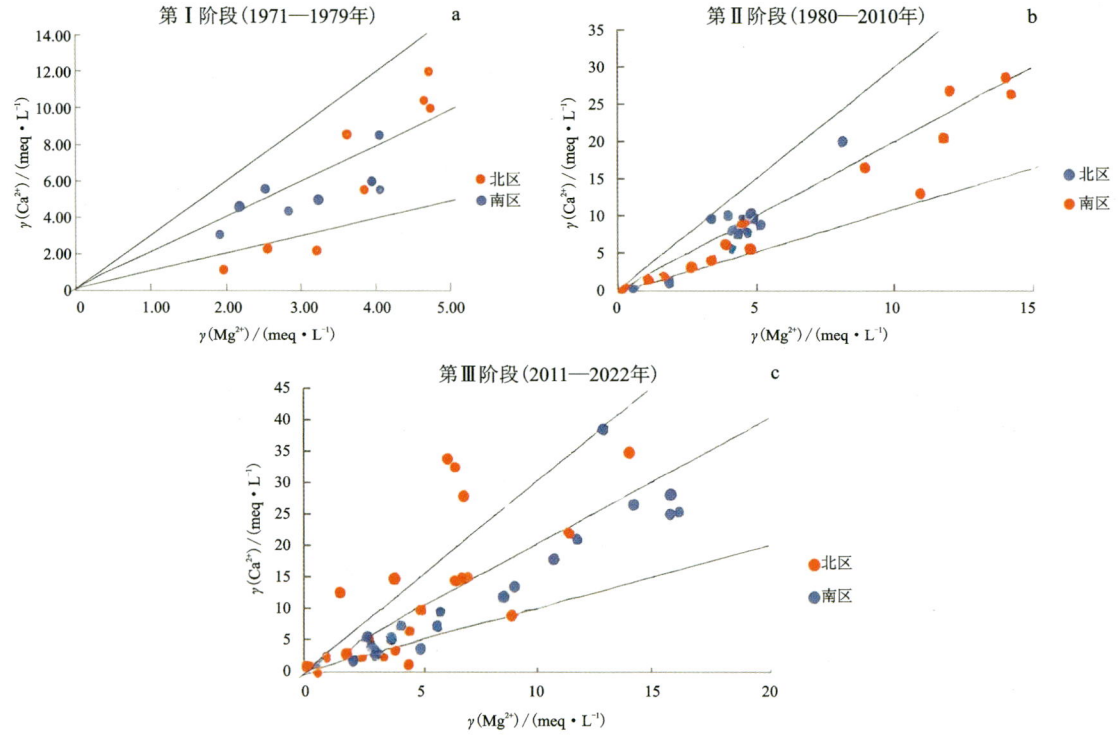

图 5.53 研究区奥灰水 $\gamma(Ca^{2+})/\gamma(Mg^{2+})$ 散点图

5.4.2 氯碱指数

从离子比例系数分析结果来看，研究区奥灰水可能发生了阳离子交换吸附作用，可采用 Schoeller 提出的氯碱指数（CAI）来进一步定量分析阳离子交换吸附作用强度。CAI 指数分为 CAI1 与 CAI2，当 CAI1 与 CAI2 均为正时，说明水中 $Na^+ + K^+$ 减少，围岩的 Ca^{2+}、Mg^{2+} 置换了水中的 $Na^+ + K^+$［详见式(5.3)］；CAI1 与 CAI2 均为负时，说明水中 $Na^+ + K^+$ 增加，围岩的 $Na^+ + K^+$ 置换了水中的 Ca^{2+}、Mg^{2+}。CAI1 与 CAI2 绝对值越大表明阳离子交换吸附作用越强。

$$CAI1 = \frac{Cl^- - (Na^+ + K^+)}{Cl^-} \tag{5.1}$$

$$CAI2 = \frac{Cl^- - (Na^+ + K^+)}{HCO_3^- + SO_4^{2-} + CO_3^{2-} + NO_3^-} \tag{5.2}$$

$$2Na^+ + CaX_2 = Ca^{2+} + 2NaX \tag{5.3}$$

$$Ca^{2+} + 2NaX = 2Na^+ + CaX_2 \tag{5.4}$$

从研究区奥灰水第 I 阶段氯碱指数图（图 5.54）可以看出，北区和南区奥灰水的氯碱指数大部分小于 0，少部分大于 0，说明围岩的 $Na^+ + K^+$ 置换水中 Ca^{2+}、Mg^{2+} 的反应强于围岩的 Ca^{2+}、Mg^{2+} 置换水中 $Na^+ + K^+$ 的反应，与 $\gamma(Na^+ - Cl^-)/\gamma[(Ca^{2+} + Mg^{2+}) - (HCO_3^- + SO_4^{2-})]$ 比例系数分析结果一致。且北区氯碱指数的绝对值大于南区，说明北区的阳离子交换吸附作用强于南区。

5 奥灰水化学特征及其形成作用

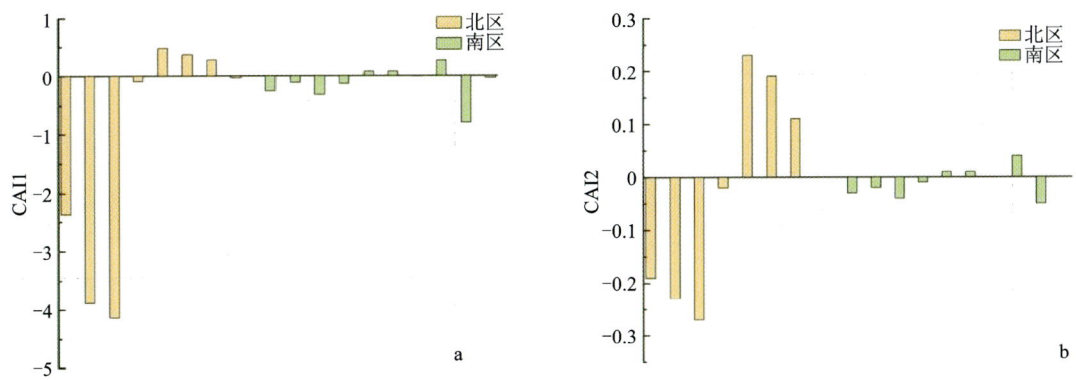

图 5.54 研究区奥灰水第Ⅰ阶段(1971—1979 年)氯碱指数图

从研究区奥灰水第Ⅱ阶段氯碱指数图(图 5.55)可以看出,北区大部分奥灰水样点的氯碱指数大于 0,少部分小于 0,说明围岩的 Ca^{2+}、Mg^{2+} 置换水中 $Na^+ + K^+$ 的反应强于围岩的 $Na^+ + K^+$ 置换水中 Ca^{2+}、Mg^{2+} 的反应,与 $\gamma(Na^+ - Cl^-)/\gamma[(Ca^{2+} + Mg^{2+}) - (HCO_3^- + SO_4^{2-})]$ 比例系数分析结果不一致,因为氯碱指数仅考虑了 Na^+ 和 Cl^- 之间的关系,而离子比例系数还综合考虑了 Na^+ 与 Ca^{2+} 和 Mg^{2+} 的平衡关系;南区大部分奥灰水样点的氯碱指数小于 0,少部分大于 0,说明围岩 $Na^+ + K^+$ 置换水中 Ca^{2+}、Mg^{2+} 的反应强于 Ca^{2+}、Mg^{2+} 置换水中 $Na^+ + K^+$ 的反应,且氯碱指数的绝对值较北区略大,说明置换反应较北区强烈,反映出南区深部咸水的补给增强了南区的阳离子交换吸附作用强度。

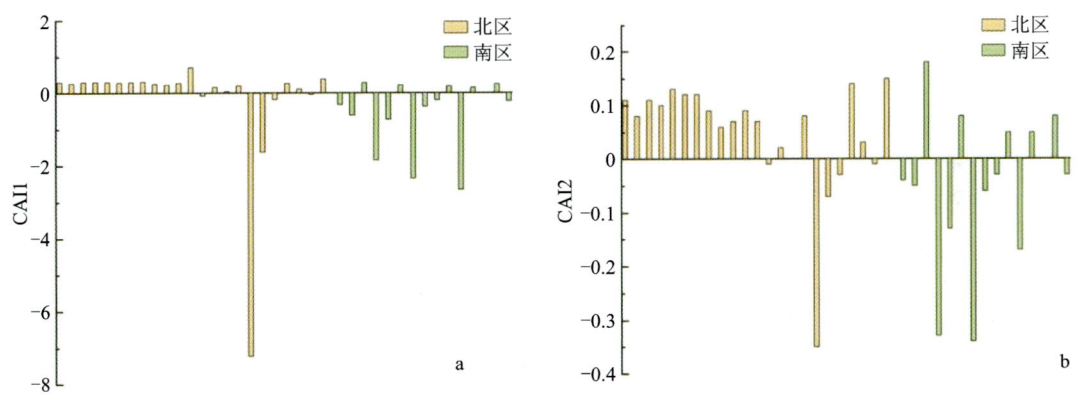

图 5.55 研究区奥灰水第Ⅱ阶段(1980—2010 年)氯碱指数图

从研究区奥灰水第Ⅲ阶段氯碱指数图(图 5.56)可以看出,第Ⅲ阶段,北区大部分奥灰水样点的氯碱指数小于 0,少部分大于 0,说明围岩 $Na^+ + K^+$ 置换水中 Ca^{2+}、Mg^{2+} 的反应强于 Ca^{2+}、Mg^{2+} 置换水中 $Na^+ + K^+$ 的反应,且氯碱指数的绝对值较大,说明置换反应强烈;而南区大部分奥灰水样点的氯碱指数大于 0,小部分小于 0,说明围岩 Ca^{2+}、Mg^{2+} 置换水中 $Na^+ + K^+$ 的反应强于 $Na^+ + K^+$ 置换水中 Ca^{2+}、Mg^{2+} 的反应,但氯碱指数绝对值小于北区,说明置换反应强度低于北区,反映出北区深部咸水的补给增强了北区的阳离子交换吸附作用强度。北区和南区呈现不同的阳离子交换吸附作用特征。

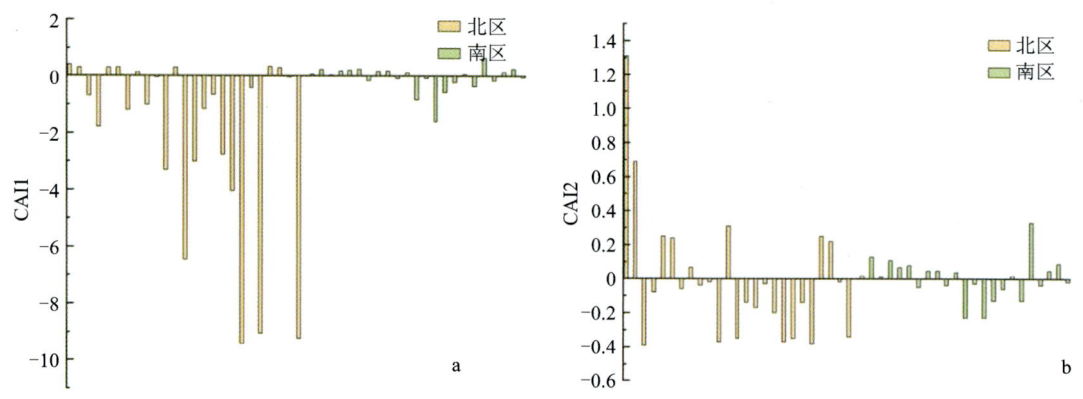

图 5.56 研究区奥灰水第Ⅲ阶段(2011—2022 年)氯碱指数图

将上述不同阶段北区和南区奥灰水的阳离子交换吸附作用方向及强度与奥灰水开采强度结合起来分析超采对阳离子交换吸附作用的影响(表 5.2)。

表 5.2 研究区北区和南区不同阶段阳离子交换吸附作用方向及强度

阶段	阳离子交换吸附作用方向		阳离子交换吸附作用强度	奥灰水开采强度
	北区	南区		
Ⅰ	以围岩 $Na^+ + K^+$ 置换水中 Ca^{2+}、Mg^{2+} 为主	以围岩 $Na^+ + K^+$ 置换水中 Ca^{2+}、Mg^{2+} 为主	北区＞南区	天然
Ⅱ	以围岩 Ca^{2+}、Mg^{2+} 置换水中 $Na^+ + K^+$ 为主	以围岩 $Na^+ + K^+$ 置换水中 Ca^{2+}、Mg^{2+} 为主	南区＞北区	南区超采
Ⅲ	以围岩 $Na^+ + K^+$ 置换水中 Ca^{2+}、Mg^{2+} 为主	以围岩 Ca^{2+}、Mg^{2+} 置换水中 $Na^+ + K^+$ 为主	北区＞南区	北区突水

综上所述,在近天然条件下,奥灰水以大气降水和河流渗漏补给为主,北区和南区奥灰水中均以围岩 $Na^+ + K^+$ 置换水中 Ca^{2+}、Mg^{2+} 为主,北区阳离子交换吸附作用强度大于南区;奥灰水超采条件下,由于深部水的补给,奥灰水中的 $Na^+ + K^+$ 含量增加,反映出以围岩 $Na^+ + K^+$ 置换水中 Ca^{2+}、Mg^{2+} 为主,同时也存在围岩 Ca^{2+}、Mg^{2+} 置换水中 $Na^+ + K^+$ 的反应。南区超采的阶段,南区的阳离子交换吸附作用增强且强于北区;北区涌(突)水阶段,北区的阳离子交换吸附作用增强且强于南区。以上说明超采能够增强阳离子交换吸附作用强度。

从表 5.2 还可以看出,当深部奥灰水补给量较大时,表现出围岩 $Na^+ + K^+$ 置换水中 Ca^{2+}、Mg^{2+},其深层次的原因可能在于深部奥灰水以咸水为主,阳离子以 $Na^+ + K^+$ 为主,深部咸水补给量增大时,导致浅部奥灰水阳离子也以 $Na^+ + K^+$ 为主,从而表现出围岩 $Na^+ + K^+$ 置换水中 Ca^{2+}、Mg^{2+}。至于奥灰水中真实发生的阳离子交换吸附反应和强度还需进一步深入分析。

5.5 主成分分析

主成分分析是一种将多个变量,利用降维的思想,将其转化为少数互不相关的综合变量,并且尽可能少损失原有数据信息的统计方法。新的变量叫作主成分($F1,F2,\cdots,Fn$),而主成分与原来的变量之间的相关系数是载荷值(余建英和何旭宏,2003),载荷值超过 0.5 表示该变量是一个主要成分,前 m 个主成分累计载荷值超过 85% 就可以认为其已综合了原变量中的大部分信息,不用再提取新的主成分了(武亚遵等,2018)。通过对不同阶段奥灰水的化学组分进行主成分分析,可以获得影响奥灰水化学成分的主要因素。

由于研究区南区和北区在不同阶段对奥灰水的开发利用强度不同,因此分南区和北区分别对第Ⅰ、第Ⅱ和第Ⅲ阶段奥灰水水化学成分进行主成分分析。同时为了从整体上找出影响奥灰水化学成分变化的因素,将全区所有时段的水化学数据看成一个整体进行了主成分分析。

5.5.1 分阶段分区

对第Ⅰ、第Ⅱ和第Ⅲ阶段北区和南区奥灰水中的 Na^+、Ca^{2+}、Mg^{2+}、Cl^-、SO_4^{2-} 和 HCO_3^- 进行主成分分析。

5.5.1.1 第Ⅰ阶段

1) 北区

北区奥灰水第Ⅰ阶段共有 8 个水样点,对其主要离子组分进行主成分分析,结果见表 5.3,两个主成分 F1 和 F2 的方差贡献率分别是 71.534% 和 23.009%,累计方差贡献率为 94.543%。

表 5.3 第Ⅰ阶段(1971—1979 年)北区奥灰水主成分的特征值和累计贡献率

成分	初始特征值			提取荷载平方和		
	总计	方差/%	累计/%	总计	方差/%	累计/%
1	4.292	71.534	71.534	4.292	71.534	71.534
2	1.381	23.009	94.543	1.381	23.009	94.543
3	0.285	4.755	99.298			
4	0.030	0.495	99.793			
5	0.010	0.168	99.961			
6	0.002	0.039	100.000			

表 5.4 列出了 6 种常规离子在主成分 F1 和 F2 上的荷载值分布情况。荷载值超过 0.5 表示该变量是一个主要因子,可以用来解释此主成分。

表 5.4　第 Ⅰ 阶段(1971—1979 年)北区奥灰水主成分荷载值

组分	主成分	
	F1	F2
Na^+	-0.024	0.989
Ca^{2+}	0.977	0.173
Mg^{2+}	0.959	-0.111
Cl^-	0.915	0.338
SO_4^{2-}	0.933	0.071
HCO_3^-	-0.842	0.491

$$SF1 = -0.024X_1 + 0.977X_2 + 0.959X_3 + 0.915X_4 + 0.933X_5 - 0.842X_6 \quad (5.5)$$

$$SF2 = 0.989X_1 + 0.173X_2 - 0.111X_3 + 0.338X_4 + 0.071X_5 + 0.491X_6 \quad (5.6)$$

由表 5.4 可知，Ca^{2+}、Mg^{2+}、SO_4^{2-}、Cl^- 和 HCO_3^- 在主成分 F1 上的荷载值相对高，分别为 0.977、0.959、0.933、0.915 和 -0.842。由式(5.5)可知，主成分 F1 与 Ca^{2+}、Mg^{2+}、SO_4^{2-} 和 Cl^- 的荷载呈正相关，与 HCO_3^- 呈反相关。Ca^{2+}、Mg^{2+} 和 SO_4^{2-} 的高荷载是由石膏、方解石和白云石的溶解造成的；HCO_3^- 的荷载值较高但为负，可能的原因是石膏溶解形成 Ca^{2+} 和 SO_4^{2-}，Ca^{2+} 浓度的增加，使方解石沉淀，方解石沉淀使 HCO_3^- 浓度的降低促进了白云石的溶解，白云石的溶解使水中 Mg^{2+} 增加。地下水中 Cl^- 主要来源是岩盐或其他氯化物的溶解、含氯矿物的风化溶解，以及海水和人为污染。氯盐的溶解度大，Cl^- 不易被土粒表面吸附，是地下水中最稳定的离子，并随着地下水流程增加而增大，因此，用 Cl^- 可以说明地下水化学演化的历程(迟道才等，2015)。Cl^- 的高荷载与 Na^+ 的负荷载说明 F1 上岩盐的溶解作用不大。在 F1 上 Ca^{2+} 与 Cl^- 共同的高荷载表明地下水的永久硬度较高。Ca^{2+}、Mg^{2+} 的高荷载和 Na^+ 的负荷载说明可能存在少量反向阳离子交换反应，即水中的 Na^+ 被围岩的 Ca^{2+} 和 Mg^{2+} 置换。因此，F1 代表石膏的溶解、方解石的溶解或沉淀、白云石的溶解作用与地下水咸化，以及反向阳离子交换反应。

Na^+ 和 HCO_3^- 在主成分 F2 上的荷载值相对高，分别为 0.989 和 0.491。推测是由于铝硅酸盐[如钠长石($NaAlSi_3O_8$)和钠-蒙脱石($Na_{0.33}Al_{2.33}Si_{3.67}O_{10}(OH)_2$)]的风化作用(研究区碳酸盐岩沉积于潮坪环境，含泥质成分，且中奥陶统溶蚀裂隙中的沉积物含有硅铝酸盐矿物)。但硅铝酸盐岩的风化作用不是 Na^+ 的主要来源，因为在偏中性的 pH 条件下，含水介质中硅铝酸盐溶解度非常低，且溶解速度非常慢。F2 上 Cl^- 的荷载值不高，说明岩盐的溶解不是主要作用。奥陶系灰岩主要由碳酸盐岩构成，天然条件下碳酸盐岩溶解作用使得地下水中以 Ca^{2+} 为主，当流经吸附有 Na^+ 的围岩(构造破碎带碳酸盐岩的裂缝中常充填黄土等松散沉积物)时发生阳离子交换吸附作用，使得地下水中 Na^+ 含量增多而 Ca^{2+} 含量减少。脱硫酸作用在生成 H_2S 时同时生成 HCO_3^-，桑树坪煤矿钻孔揭露奥灰水时有臭鸡蛋味(硫化氢气体)可证实北区奥灰水确实存在脱硫酸作用。F2 上 Na^+ 和 HCO_3^- 的高荷载及较小的 Ca^{2+} 荷载值，主要由阳离子交换吸附作用引起。因此，F2代表少量的硅酸盐溶解、脱硫酸作用和正向阳离子交换吸附作用。

2）南区

南区奥灰水第Ⅰ阶段共有10个水样点，对其主要离子组分进行主成分分析，结果见表5.5，两个主成分F1和F2的方差贡献率分别是70.102%和19.605%，累计方差贡献率为89.71%。

表5.5　第Ⅰ阶段(1971—1979年)南区奥灰水主成分的特征值和累计贡献率

成分	初始特征值			提取荷载平方和		
	总计	方差/%	累计/%	总计	方差/%	累计/%
1	4.206	70.102	70.102	4.206	70.102	70.102
2	1.176	19.605	89.707	1.176	19.605	89.707
3	0.300	5.002	94.709			
4	0.235	3.910	98.618			
5	0.082	1.366	99.985			
6	0.001	0.015	100.000			

表5.6列出了6种常规离子在主成分F1和F2上的荷载值分布情况。

表5.6　第Ⅰ阶段(1971—1979年)南区奥灰水主成分荷载值

组分	主成分	
	F1	F2
Na^+	0.795	0.482
Ca^{2+}	0.879	−0.344
Mg^{2+}	0.917	0.181
Cl^-	0.777	0.553
SO_4^{2-}	0.958	−0.256
HCO_3^-	−0.664	0.649

$$SF1 = 0.795X_1 + 0.879X_2 + 0.917X_3 + 0.777X_4 + 0.958X_5 - 0.664X_6 \quad (5.7)$$
$$SF2 = 0.482X_1 - 0.344X_2 + 0.181X_3 + 0.553X_4 - 0.256X_5 + 0.649X_6 \quad (5.8)$$

由表5.6可知，SO_4^{2-}、Mg^{2+}和Ca^{2+}在主成分F1上的荷载值最高，分别为0.958、0.917和0.879，其次是Na^+和Cl^-，分别为0.795、0.777，HCO_3^-的荷载值相对较低(−0.664)且为负。与北区不同的是，南区Na^+和Cl^-的荷载值接近，推测有岩盐的溶解或受人类活动所排放的生活污水影响；而SO_4^{2-}、Mg^{2+}和Ca^{2+}与HCO_3^-呈反相关，仍将其归结于石膏的溶解、方解石的沉淀和白云石的去白云石化作用。因此，主成分F1反映的石膏和岩盐的溶解，方解石的沉淀、去白云化作用，可能伴随人类活动的影响。

HCO_3^-、Cl^- 和 Na^+ 在主成分 F2 上的荷载值相对高,分别为 0.649、0.555 3 和 0.482。结合 1979 年的流场(图 4.16b)可知,南区在 1979 年已发育小型降落漏斗,推测是由于有部分深部 Cl-Na 型奥灰水的补给;HCO_3^- 的荷载值较高推测是由于深部奥灰水补给浅部奥灰水时,温度升高、压力降低,脱硫酸作用使 HCO_3^- 含量增大。Na^+ 的高荷载、Ca^{2+} 的负荷载和 Mg^{2+} 的小荷载说明可能存在正向阳离子交换反应。因此,F2 代表了超采奥灰水、脱硫酸作用和正向阳离子交换吸附作用。

5.5.1.2 第Ⅱ阶段

1) 北区

北区奥灰水第Ⅱ阶段共有 24 个水样点,对其主要离子组分进行主成分分析,结果见表 5.7,两个主成分 F1 和 F2 的方差贡献率分别是 59.601% 和 29.022%,累计方差贡献率为 88.62%。

表 5.7 第Ⅱ阶段(1980—2010 年)北区奥灰水主成分的特征值和累计贡献率

成分	初始特征值			提取荷载平方和		
	总计	方差/%	累计/%	总计	方差/%	累计/%
1	3.576	59.601	59.601	3.576	59.601	59.601
2	1.741	29.022	88.623	1.741	29.022	88.623
3	0.548	9.127	97.750			
4	0.084	1.398	99.148			
5	0.050	0.841	99.989			
6	0.001	0.011	100.000			

表 5.8 列出了 6 种常规离子在主成分 F1 和 F2 上的荷载值分布情况。

表 5.8 第Ⅱ阶段(1980—2010 年)北区奥灰水主成分荷载值

组分	主成分	
	F1	F2
Na^+	0.127	0.983
Ca^{2+}	0.965	0.011
Mg^{2+}	0.972	−0.090
Cl^-	0.720	0.374
SO_4^{2-}	0.933	0.114
HCO_3^-	−0.541	0.783

由表 5.8 可知,整体上北区第Ⅱ阶段主成分分析结果与第Ⅰ阶段基本一致。
Mg^{2+}、Ca^{2+}、SO_4^{2-}、Cl^- 和 HCO_3^- 在主成分 F1 上的荷载值相对高,分别为 0.972、0.965、

0.933、0.720 和 −0.541。与第Ⅰ阶段相比,Mg^{2+}、Ca^{2+} 和 SO_4^{2-} 的荷载值相差不大,而 Cl^- 的荷载值降低,HCO_3^- 荷载值的绝对值降低,反映出北区奥灰水的咸化作用减弱。北区奥灰水的主成分 F1 代表石膏的溶解、方解石的溶解或沉淀、白云石的溶解作用与地下水咸化,以及反向阳离子交换反应。

Na^+ 和 HCO_3^- 在主成分 F2 上的荷载值相对高,分别为 0.983 和 0.783,与第Ⅰ阶段相比,Na^+ 的荷载值变化不大,HCO_3^- 的荷载值增大,Cl^- 的荷载值减小,可能与黄河水（HCO_3-Na 型）或矿井水（HCO_3-Na 型）的补给有关,矿井水主要来源于煤层顶板的砂岩裂隙含水层,它向河流排泄,河流又渗漏补给奥灰水。因此,F2 代表了正向阳离子交换吸附作用和黄河水或矿井水的补给。

2) 南区

南区奥灰水第Ⅱ阶段共有 14 个水样点,对其主要离子组分进行主成分分析,结果见表 5.9,两个主成分 F1 和 F2 的方差贡献率分别是 78.382% 和 16.820%,累计方差贡献率为 95.201%。

表 5.9 第Ⅱ阶段(1980—2010 年)南区奥灰水主成分的特征值和累计贡献率

成分	初始特征值			提取荷载平方和		
	总计	方差/%	累计/%	总计	方差/%	累计/%
1	4.703	78.382	78.382	4.703	78.382	78.382
2	1.009	16.820	95.201	1.009	16.820	95.201
3	0.242	4.036	99.237			
4	0.036	0.592	99.829			
5	0.010	0.170	100.000			
6	0.000 02	0.000	100.000			

表 5.10 列出了 6 种常规离子在主成分 F1 和 F2 上的荷载值分布情况。

表 5.10 第Ⅱ阶段(1980—2010 年)南区奥灰水主成分荷载值

组分	主成分	
	F1	F2
Na^+	0.872	0.451
Ca^{2+}	0.976	−0.061
Mg^{2+}	0.972	−0.102
Cl^-	0.934	0.216
SO_4^{2-}	0.979	−0.036
HCO_3^-	−0.463	0.862

由表 5.10 可知,南区第Ⅱ阶段主成分分析结果与第Ⅰ阶段基本一致,荷载值均略有增

大,Na^+和Cl^-的荷载值增加较大,说明第Ⅱ阶段深部咸水补给量增大,主成分F1反映的是石膏和岩盐的溶解,方解石的沉淀、去白云化作用加强。Na^+和Cl^-在主成分F2上的荷载值小于0.5,表明Na^+和Cl^-不再是解释F2的主要因素,而HCO_3^-的荷载值较大,可能与地下水水位下降造成的河水补给量增大有关。南区自薛峰水库建成后向下游河道排水量锐减,下游河道主要靠象山煤矿排放的矿井水补给,矿井水主要来源于煤层顶板的砂岩裂隙含水层,水化学类型为HCO_3-Na型。Na^+与Ca^{2+}、Mg^{2+}的荷载值符号相反说明存在正向阳离子交换吸附作用,因此,说明F2所代表河水(矿井水)补给量的增加和正向阳离子交换吸附作用。

5.5.1.3 第Ⅲ阶段

1)北区

北区奥灰水第Ⅲ阶段共有25个水样点,对其主要离子组分进行主成分分析,结果见表5.11,3个主成分F1、F2和F3的方差贡献率分别是65.808%、18.367%和11.046%,累计方差贡献率为95.221%。

表5.11 第Ⅲ阶段(2011—2022年)北区奥灰水主成分的特征值和累计贡献率

成分	初始特征值			提取荷载平方和		
	总计	方差/%	累计/%	总计	方差/%	累计/%
1	3.948	65.808	65.808	3.948	65.808	65.808
2	1.102	18.367	84.175	1.102	18.367	84.175
3	0.663	11.046	95.221	0.663	11.046	95.221
4	0.178	2.972	98.193			
5	0.108	1.802	99.995			
6	0.000	0.005	100.000			

表5.12列出了6种常规离子在主成分F1和F2上的荷载值分布情况。

表5.12 第Ⅲ阶段(2011—2022年)北区奥灰水主成分荷载值

组分	主成分		
	F1	F2	F3
Na^+	0.831	0.482	-0.264
Ca^{2+}	0.819	-0.239	0.462
Mg^{2+}	0.922	-0.124	0.037
Cl^-	0.880	0.343	-0.307
SO_4^{2-}	0.922	-0.129	0.255
HCO_3^-	-0.337	0.814	0.468

由表5.12可知,北区第Ⅲ阶段的主成分F1、F2与南区第Ⅱ阶段的主成分F1、F2相近。

5 奥灰水化学特征及其形成作用

因此,F1代表了石膏和岩盐的溶解,方解石的沉淀、去白云化作用加强以及深部奥灰水补给量的增加;F2代表了河水补给量的增加以及正向阳离子交换吸附作用。北区第Ⅲ阶段奥灰水主成分分析结果与第Ⅰ、第Ⅱ阶段相比有一定的差别,主要表现在主成分F1中Na^+替换了HCO_3^-成为主要影响因素之一,反映出深部奥灰水补给量的大幅增加;主成分F2上HCO_3^-代替了Na^+成为主要影响因素之一,反映出河水补给量的增强。

2)南区

南区奥灰水第Ⅲ阶段共有14个水样点,对其主要离子组分进行主成分分析,结果见表5.13,两个主成分F1和F2的方差贡献率分别是74.880%和15.071%,累计方差贡献率为89.951%。

表5.13 第Ⅲ阶段(2011—2022年)南区奥灰水主成分的特征值和累计贡献率

成分	初始特征值			提取荷载平方和		
	总计	方差/%	累计/%	总计	方差/%	累计/%
1	4.493	74.880	74.880	4.493	74.880	74.880
2	0.904	15.071	89.951	5.397	15.071	89.951
3	0.364	6.066	96.017			
4	0.226	3.773	99.791			
5	0.011	0.176	99.966			
6	0.002	0.034	100.000			

表5.14列出了6种常规离子在主成分F1和F2上的荷载值分布情况。

表5.14 第Ⅲ阶段(2011—2022年)南区奥灰水主成分荷载值

组分	主成分	
	F1	F2
Na^+	0.718	0.635
Ca^{2+}	0.925	−0.143
Mg^{2+}	0.978	−0.069
Cl^-	0.905	0.138
SO_4^{2-}	0.963	0.059
HCO_3^-	−0.648	0.674

由表5.14可知,南区第Ⅲ阶段奥灰水主成分F1与第Ⅱ阶段相比在荷载值上差别不大,说明主成分F1仍然反映的是石膏和岩盐的溶解,方解石的沉淀、去白云化作用和深部咸水的补给。Na^+与HCO_3^-在F2上的荷载值较大,可能与河水补给量增大有关,Na^+与Ca^{2+}、Mg^{2+}符号相关说明存在正向阳离子交换吸附作用,因此,说明F2代表河水补给量的增加和正向阳离子交换吸附作用。

5.5.2 不分阶段不分区

通过对不同阶段北区和南区奥灰水化学组分进行了主成分分析,可以看出不同阶段影响南区和北区奥灰水化学组分的因素相近,但不同因素在不同阶段和不同区域的影响程度不同。本小节为了从整体上对影响韩城矿区全区奥灰水化学组分的因素进行识别,将全区所有时段的奥灰水样一起进行主成分分析,并且不区分南区和北区,分析结果如下。

整体上,研究区1971—2022年分为3个主成分F1、F2和F3,其方差贡献率分别是60.974%、22.937%和12.514%,累计方差贡献率为96.42%。表5.15总结了各个分析变量在主成分F1、F2和F3上的荷载值分布情况。

表5.15 1971—2022年奥灰水主成分的特征值和累计贡献率

成分	初始特征值			提取荷载平方和		
	总计	方差/%	累计/%	总计	方差/%	累计/%
1	3.658	60.974	60.974	3.658	60.974	60.974
2	1.376	22.937	83.911	1.376	22.937	83.911
3	0.751	12.514	96.424			
4	0.154	2.563	98.988			
5	0.060	1.005	99.993			
6	0.000	0.007	100.000			

表5.16列出了6种常规离子在主成分F1和F2上的荷载值分布情况。

表5.16 1971—2022年奥灰水主成分荷载值

组分	主成分		
	F1	F2	F3
Na^+	0.739	0.637	−0.205
Ca^{2+}	0.883	−0.266	0.242
Mg^{2+}	0.893	−0.317	0.168
Cl^-	0.782	0.509	−0.348
SO_4^{2-}	0.933	−0.203	0.230
HCO_3^-	−0.230	0.706	0.669

由表5.16可知,SO_4^{2-}、Mg^{2+}、Ca^{2+}、Cl^-和Na^+在主成分F1上的荷载值相对高,分别为0.933、0.893、0.883、0.782和0.739,代表的是深部高TDS奥灰水补给。HCO_3^-、Na^+和Cl^-在主成分F2上的荷载值相对高,分别为0.706、0.637和0.509,代表的是接受HCO_3-Na型河水(矿井水)补给量的增加;Cl^-离子荷载值较高反映了奥灰水受人类生活污水影响,因此,主成分F2反映的是河水(矿井水)的补给和人类生活污水排放的影响。HCO_3^-在主成分F3

上的荷载值最高,为 0.669,其他离子的荷载值均未超过 0.5,反映了 HCO_3^- 型天然河水及大气降水的补给。

5.6 水文地球化学模拟

水文地球化学模拟是在化学热力学和化学动力学的基础上结合了地质学、地下水动力学、环境科学、生物学、数学、计算机科学等多种学科的基础理论和技术方法发展出的一种水文地球化学定量研究方法,它把水文地球化学从传统的以定性解释为主发展为定量描述,从而成为水文地球化学的重要组成部分(Matthew and John,2001)。它能够计算出各种组分在地下水系统中的存在形态和水-岩平衡的状态,能反映地下水系统中发生的地球化学反应以及模拟地下水系统中的地球化学变化过程(Van der Lee and De Windt,2001)。

目前,水文地球化学模型基本上可分为 3 类,即地下水组分分布模型、物质平衡模型和物质迁移(反应路径)模型(王广才等,1997)。

地下水组分分布模型一般包括离子缔合模型和专门反应模型,通常用来计算地下水中各种组分存在形式的浓度和活度,确定水中各种矿物的饱和状态,同时为物质平衡、物质迁移(反应途径)的计算提供基础数据(Plummer et al.,1983)。物质平衡模型用来计算在地下水系统中流线上水化学成分已知的不同两点之间矿物沉淀或溶解的数量,即应用地下水和岩石的化学和矿物成分识别和定量两点间的地球化学反应,从而解释地下水的形成和演化(Abu-Jaber and Ismai,2003)。物质平衡与组分分布计算结合的方法称为"反向模拟"。物质迁移(反应路径)模型是在设定的不可逆反应和热力学约束条件下,预测水中化学成分变化和液、固、气相之间的物质转移量,也就是利用假定的地球化学反应来预测既定范围内的水和岩石成分,这种方法也称为"正向模拟"(Browning et al.,2003)。除此之外,正向模拟还可以用来验证物质平衡计算所得的反应模型的热力学参数的可靠性。

5.6.1 混合模拟

从研究区奥灰水动力场演化分析可以看出,天然条件下韩城矿区奥灰水主要靠大气降水和河流渗漏补给,长期高强度开采导致东南侧边浅部水位大幅下降后,西北深部奥灰水逆岩层倾向补给边浅部奥灰水。因此,在长期开采和煤矿涌(突)水条件下,韩城矿区东南侧边浅部奥灰水由地表水和深部奥灰水混合补给,可采用混合模拟法来计算不同开采阶段地表水与深部奥灰水的混合比例。

研究区东南侧奥灰水补给来源可以分为西北侧深部奥灰水补给和东南侧河流渗漏补给,以深部奥灰水和河水作为混合前水样,混合后水样为每个阶段北区和南区所有采样点离子浓度的平均值。例如,第Ⅰ阶段北区所有水样点的离子浓度的平均值作为北区混合后水样,第Ⅰ阶段南区所有水样点的离子浓度的平均值作为南区混合后水样,依此类推,计算不同阶段北区和南区深部奥灰水和河水的混合比例。在进行混合模拟的时候,必须找到一个性质相对稳定,在混合过程中不易发生化学反应的离子作为混合计算的指标。由于 Cl^- 具有很高的溶解度,它既不易与其他离子形成沉淀析出,也不易被土壤颗粒所吸附,是地下水中较为稳定的离子(Shu et al.,2022)。因此,以混合前后奥灰水中的 Cl^- 为指标,并假设混合作用为机械混合(Xing et al.,2018),对深部奥灰水和河水的补给量占比进行计算。计算方法为已知河水中 Cl^- 浓度为[1],假定其混合比例为 R,已知深部奥灰水中 Cl^- 浓度为[2],其混合比例为 $(1-R)$,已知混合水中 Cl^- 浓度为[3],则 $R\times[1]+(1-R)\times[2]=[3]$,可计算出混合比例 R。计算不同阶段北区和南区深部奥灰水和河水的混合比例,结果见表5.17。

表5.17 韩城矿区南区和北区不同阶段奥灰水补给来源占比

阶段	南区		北区	
	河水	深部奥灰水	河水	深部奥灰水
第Ⅰ阶段	0.94	0.06	0.62	0.38
第Ⅱ阶段	0.37	0.63	0.55	0.45
第Ⅲ阶段	0.27	0.73	0.36	0.64
第Ⅰ至Ⅱ阶段	−0.61	9.50	−0.11	0.20
第Ⅱ至Ⅲ阶段	−0.27	0.16	−0.35	0.41
第Ⅰ至Ⅲ阶段	−0.71	11.17	−0.42	0.68

从表5.17可以看出:①南区和北区在近天然条件下深部奥灰水和河水的补给比例即已存在差异。第Ⅰ阶段,河水对南区奥灰水的补给占主导,可达到94%;而北区仅为62%,北区第Ⅰ阶段深部奥灰水的补给比例达到了38%。结合矿区地质构造在南区和北区的差异性可知,南区以拉张构造为主,而北区以挤压构造为主,因此南区构造裂隙的导水性强于北区,为地表水的补给提供了良好的通道。②从第Ⅰ至第Ⅲ阶段,河水的补给比例大幅降低,深部奥灰水的补给比例相应地增加。第Ⅰ阶段南区河水补给奥灰水的占比为94%,第Ⅱ阶段下降到37%,第Ⅲ阶段仅为27%;北区第Ⅰ阶段河水补给奥灰水的占比为62%,第Ⅱ阶段下降到55%,第Ⅲ阶段仅为36%。相应地,深部奥灰水的补给逐步升高,南区从第Ⅰ阶段的6%上升到第Ⅲ阶段的73%,增幅为1117%;北区从38%上升到64%,增幅为68%。③南区和北区深部奥灰水补给比例的增幅严格对应于开采(涌水)强度。南区在韩城电厂大量抽采奥灰水阶段(第Ⅱ阶段)深部奥灰水补给占比增幅最大,为950%;而北区在禹昌煤矿"8·7"奥灰突水事故阶段(第Ⅲ阶段)深部奥灰水补给占比增幅最大,增幅达41%。

因此,从混合模拟结果来看,韩城矿区边浅部奥灰水在超采和矿井涌(突)水影响下,水位大幅下降,引发深部高TDS奥灰水反向补给浅部奥灰水,导致浅部奥灰水化学组分发生较大变化,主要表现为TDS增大和水化学类型改变。

5.6.2 反向模拟

从20世纪70年代初韩城电厂和桑树坪、马沟渠煤矿筹备建设阶段起,奥灰水即受到不同程度的人为扰动,70年代末奥灰水流场已受到较大程度的人为扰动,因此,后期监测的奥灰水已经偏离天然条件下的流场。此外,奥灰水在补给区先顺岩层倾向流动,随着埋深的增大,倾向径流受阻进而转向沿走向流动,因此,奥灰水水化学组分在垂向上的差异较大,奥灰水样点采样时并未严格区分不同层位。同时,受多期构造运动作用,区内构造裂隙发育,既存在优势构造控制的强径流带,也存在被裂隙切割的岩块中相对"孤立"的奥灰水,奥灰水在沿岩层走向径流过程中可能被沟谷切割而部分排泄。综上,区内奥灰含水介质的非均质各向异性(地质构造)、不同级次水流系统的叠置(微地貌)、较早的高强度人为扰动和矿井水对奥灰水的反向补给,造成较难在研究区找到一条满足水文地球化学反向模拟要求的水流路径。因此,可以转变思路,利用研究区流场的变化规律,采用同一涌水点在不同时期出水水质的差异性,即早期的水质监测数据代表补给区的水化学特征,晚期的水质监测数据代表排泄区或滞流区的水化学特征(因为在第Ⅲ阶段,东南边浅部普遍存在接受深部奥灰水补给的现象),因此,同一涌水点在不同时期的水质监测数据可代表奥灰水补给区和排泄区(滞流区)的水质特征,进而用其开展反向模拟,分析奥灰水从补给区到排泄区所发生的主要地球化学反应,并量化化学反应过程中物质的转移量。

桑树坪煤矿位于研究区北区,1976 年 5 月 9 日 10 时,1 号皮带斜井,掘进至 555m 时,在峰峰组二段地层中遇宽 0.4m 的断层带,初期少量出水,16:30 放炮后水量增至 $100m^3/h$,18:30 水量增至 $1530m^3/h$,井筒淹没 319.3m,出水 $5600m^3$,20:30 涌水量变为 $680m^3/h$,22:42 涌水量变为 $30m^3/h$。后将此处命名为 7# 出水点。7# 出水点在不同年份水化学特征变化较大,选取 1988 年(水样①)7# 出水点的水化学数据作为反向模拟的起点,代表补给区水质特征,选取 2022 年(水样②)该点的水化学数据作为反向模拟的终点,代表排泄区(滞流区)水质特征。采用 PHREEQC 水文地球化学数值模拟软件进行反向模拟,识别两点间的地球化学反应类型,量化奥灰水中主要物质转移量,解释地下水的形成和演化。反向模拟起点和终点水化学监测数据见表 5.18。

表 5.18 桑树坪煤矿 280 大巷 7# 奥灰出水点水化学指标   单位:meq/L

编号	年份	pH	Na^+	Ca^{2+}	Mg^{2+}	Cl^-	SO_4^{2-}	HCO_3^-	水化学类型
①	1988	/	3.92	8.13	4.29	3.01	8.91	4.63	$SO_4 \cdot HCO_3$-$Ca \cdot Mg$
②	2022	7.58	31.13	15.05	7.09	28.21	20.02	5.00	$Cl \cdot SO_4$-$Na \cdot Ca$
差值			27.21	6.93	2.80	25.20	11.11	0.37	

从表(表 5.18)可以看出:水样①、②中[Na^+]的当量浓度大于[Cl^-],[$Ca^{2+}+Mg^{2+}$]的当量浓度小于[$SO_4^{2+}+HCO_3^-$],推测水中存在围岩中的 Na^+ 置换水中 $Ca^{2+}+Mg^{2+}$ 的阳离子交换反应。Ca^{2+} 与 SO_4^{2-} 的增加不同步,推测可能 SO_4^{2-} 有其他来源或者 Ca^{2+} 被沉淀或交换吸附,结合该处奥灰水处于封闭条件,排除 FeS 被氧化和采空区高 SO_4^{2-} 水的混入,因此推断造成 Ca^{2+} 增加的幅度远小于 SO_4^{2-} 的原因应是石膏溶解后 Ca^{2+} 被沉淀,其过程为:石膏溶解产生 SO_4^{2-} 和 Ca^{2+},Ca^{2+} 的同离子效应促进了方解石的沉淀,方解石的沉淀使 Ca^{2+} 和 HCO_3^- 减少,从而促进了白云石的溶解,使得 Mg^{2+} 和 HCO_3^- 浓度增加。因此,Ca^{2+} 增加的幅度远小于 SO_4^{2-},主要由于 Ca^{2+} 被沉淀及交换吸附。为了进一步确定奥灰水中各主要矿物的溶解、沉淀状态,对水样①②中方解石、白云石、石膏和岩盐的饱和指数进行了计算(表 5.19)。

从表 5.19 可以看出,奥灰水中的方解石和白云石在 1988 年和 2022 年均处于饱和甚至过饱和状态,但 2022 年方解石和白云石的饱和指数高于 1988 年,说明奥灰水从补给区到排泄区可能发生了沉淀作用,而石膏和岩盐处于不饱和状态,从 1988 年至 2022 年石膏和岩盐的饱和指数增加,说明从补给区到排泄区石膏和岩盐发生了溶解。因此,可以确定从 1988 年到 2022 年奥灰水发生的主要化学反应如下:

$$NaCl \longrightarrow Na^+ + Cl^-$$

$$CaSO_4 \cdot 2H_2O \longrightarrow Ca^{2+} + SO_4^{2-} + 2H_2O$$

$$Ca^{2+} + 2HCO_3^- \longrightarrow CaCO_3 \downarrow + H_2O + CO_2$$

$$CaMg(CO_3)_2 + 2H_2O + 2CO_2 \longrightarrow Ca^{2+} + Mg^{2+} + 4HCO_3^-$$

$$0.75Ca^{2+} + 0.25Mg^{2+} + 2X^- = Ca_{0.75}Mg_{0.25}X_2$$

表 5.19　桑树坪煤矿 280 大巷 7# 奥灰出水点奥灰水中矿物饱和指数

矿物相	SI	
	1988 年	2022 年
方解石($CaCO_3$)	0.09	0.23
白云石($CaMg(CO_3)_2$)	0.03	0.25
石膏($CaSO_4 \cdot 2H_2O$)	−0.88	−0.52
岩盐(NaCl)	−6.64	−4.83

确定了主要矿物相的化学反应后,采用 PHREEQC 进行反向模拟,计算奥灰水从补给区到排泄区(滞流区)发生化学反应所造成的矿物转移量,结果见表 5.20。

表 5.20　1988—2022 年 7# 出水点奥灰水中矿物的摩尔转移量

矿物	石膏 mmol/L	方解石 mmol/L	白云石 mmol/L	CO_2/g	CaX_2 mmol/L	NaX mmol/L	岩盐 mmol/L
转移量	5.81	−2.34	1.29	−0.61	−1.48	2.96	25.32

从模拟结果可以看出,水样②相比于水样①发生的主要水岩作用为石膏、岩盐和白云岩的溶解、方解石沉淀以及围岩的 Na^+ 置换水中的 Ca^{2+}。其中石膏和岩盐的溶解、阳离子的交换吸附作用造成奥灰水中的 TDS 升高,Na^+、SO_4^{2-} 和 Cl^- 含量的升高改变了奥灰水的水化学类型。该结论符合研究区奥灰水化学组分的演化特征,并且与离子比例分析、主成分分析和混合模拟所取得的结论一致,印证了深部高 TDS 奥灰水补给边浅部奥灰水的推断。

5.7　奥灰水化学成分的形成作用

韩城矿区奥灰水经过 50 多年的超采和煤矿开采对其的扰动影响,其水化学成分形成条件已经发生了巨大变化,因此,将奥灰水化学成分的形成作用分为天然条件下和超采条件下两种情况进行分析。

5.7.1 天然条件下

天然条件下,奥灰水在含水层露头处接受大气降水补给,在河流切割含水层段受河流渗漏补给,之后顺含水层倾向(北西向)向深部径流,当它进入奥灰水饱水带后,因地层倾角变缓,继续向深部运动受阻,转而沿含水层走向(北东向)径流,遇到沟谷、裂隙、断层等即排泄。在每年的枯水期或枯水年份,大气降水和河流流量减少,其对奥灰水的补给量也将减少,且地表水量减少会导致对边浅部奥灰水的开采增大,进一步造成边浅部奥灰水水位下降,在压力传导作用下深部奥灰水会反向补给浅部奥灰水,但补给量有限,这是因为在雨水期或丰水期降水和河流补给浅部奥灰水后,边浅部水位将回升,边浅部与深部奥灰水水位动态又恢复到平衡状态。

大气降水和河水本身具有一定的化学成分,在北方内陆地区,一般以 HCO_3-Ca 型水为主,其中方解石、白云石、石膏和岩盐均未饱和,当该成分的水进入奥灰含水层后,则在淋滤作用下进一步溶解方解石、白云石、石膏和岩盐,特别是东南边浅部节理裂隙发育、水流交替速度快、水中游离 CO_2 和 O_2 含量高,能够促进上述矿物的溶解,当方解石和白云石接近饱和时,石膏和岩盐的溶解成为主要作用,因此奥灰水从 HCO_3-Ca 型逐步过渡到 $HCO_3 \cdot SO_4$-Ca 型,此时奥灰水化学成分的形成作用主要是淋滤作用。深埋区的奥灰水由于处于滞流条件,溶解度较小的方解石和白云石接近饱和甚至过饱和,而石膏和岩盐的溶解度较大,可继续溶解,滞流区奥灰水化学类型逐步过渡为 $SO_4 \cdot HCO_3$-Ca $\cdot$ Na 型、$SO_4 \cdot Cl$-Ca $\cdot$ Na 型或 $SO_4 \cdot Cl$-Na $\cdot$ Ca 型,处于深埋条件下的奥灰水由于地下水环境封闭,为还原环境,还会发生脱硫酸作用,桑树坪煤矿钻孔揭露深埋奥灰水时有臭鸡蛋味(硫化氢气体),可证实奥灰水确实存在脱硫酸作用。除了地表水补给奥灰水存在混合作用外,混合作用还发生在枯水期深埋区高 TDS 奥灰水反向补给边浅部奥灰水的条件下,由于奥灰水从深埋区流向浅埋区,压力降低,还可能发生脱碳酸作用。从 5.4 节离子比例系数和氯碱指数分析结果推测本区奥灰水还发生了阳离子交换吸附作用,以围岩的 Na^+ 置换奥灰水中的 Ca^{2+}、Mg^{2+} 为主。

综上所述,天然条件下奥灰水化学成分形成作用以溶滤作用、混合作用、阳离子交换吸附作用为主,而脱硫酸作用主要发生在奥灰水滞流区,脱碳酸作用主要发生在深部奥灰水反向补给浅部奥灰水的枯水期。

5.7.2 超采条件下

1)南区

第Ⅱ阶段(1980—2010 年)南区韩城电厂超采奥灰水长达 30 年,在南区形成了大型奥灰水降落漏斗,漏斗范围已经扩展到了奥灰水深埋区,导致深埋区奥灰水补给漏斗区,同时有河水渗漏补给漏斗区,因此在漏斗区主要发生了混合作用,同时有脱碳酸作用存在。南区主要由洺水河(矿井水)补给奥灰水,而洺水河上游建有薛峰水库,向下游排水有限,因此,以深部奥灰水反向补给为主,第Ⅱ阶段南区边浅部奥灰水化学类型以 $SO_4 \cdot HCO_3$-Ca 型、$SO_4 \cdot Cl$-Ca $\cdot$ Na 型和 $SO_4 \cdot Cl$-Na $\cdot$ Ca 型为主。深部高 TDS 反向补给浅部奥灰水时,还会发生水中的 Na^+ 置换围岩的 Ca^{2+} 和 Mg^{2+},因此还存在反向阳离子交换吸附作用。

而第Ⅲ阶段(2011—2022年)虽然韩城电厂已经关闭,且煤矿生产几乎未对南区奥灰含水层造成扰动,但原韩城电厂形成的降落漏斗还未恢复,仍接受深部奥灰水、河流渗漏补给和大气降水补给,其水化学成分形成作用仍以混合作用为主,伴随有阳离子交换吸附作用和脱碳酸作用。

2)北区

第Ⅱ阶段(1980—2010年)由于北区没有对奥灰水进行高强度开采,仅数口水源井和桑树坪煤矿的奥灰水涌水点造成了北区小型奥灰水降落漏斗,北区奥灰水在此阶段更接近天然条件,以溶滤作用、混合作用、阳离子交换吸附作用、脱硫酸作用、脱碳酸作用为主。

第Ⅲ阶段(2011—2022年)北区禹昌煤矿发生"8·7"特大奥灰突水事故,突水持续近半年,在北区禹昌煤矿附近形成了深而小的奥灰水降落漏斗,且桑树坪煤矿存在多处奥灰水永久涌水点,导致北区整体水位下降,深部奥灰水和黄河水补给漏斗区,因此,在漏斗区主要发生了混合作用,同时也有反向阳离子交换吸附作用和脱碳酸作用存在。北区凿开河和黄河可对奥灰水进行补给,其中凿开河可以直接补给奥灰水,但黄河由于其河床泥沙的沉积只能间接补给奥灰水,从2021年末奥灰水流场图可以看出,北区的降落漏斗在2021年末仍未恢复,在混合补给作用中,仍以深部奥灰水补给为主,水化学类型以 $SO_4·Cl-Na·Ca$ 型和 $Cl·SO_4-Na·Ca$ 型为主。

综上所述,在超采和涌(突)水条件下,奥灰水化学成分形成作用以混合作用、阳离子交换吸附作用为主,淋滤作用较弱;深部奥灰水大量补给浅部,导致在边浅部奥灰水的脱碳酸作用强烈,而脱硫酸作用主要发生在深埋的滞流区。

6 结论与展望

6.1 结 论

通过对韩城矿区奥灰水长期开采、煤矿长期疏排水和采掘扰动等多方面因素影响下奥灰水水位动态变化特征、奥灰水流场变化特征以及奥灰水化学成分形成作用变化特征进行研究,取得以下主要结论。

(1)构造对奥灰含水层的空间展布、储水空间和补径排条件具有决定性的控制作用。燕山运动造就了奥灰含水层整体呈东南翘起、西北深埋的空间展布格局;加里东运动、燕山运动和喜马拉雅运动造成研究区不均匀抬升和构造裂隙发育,促进了奥灰岩溶发育过程;奥灰含水层的产状、地形条件和优势构造裂隙控制了奥灰含水层的补径排条件及强径流带的发育。

(2)北区奥灰水受黄河水位影响较大,其次为煤矿涌(突)水,降水量对奥灰水的影响较小;南区在大量抽采奥灰水的情况下,韩城电厂抽水对奥灰水水位影响较大,且持续时间长,而大气降水的增加或减少仅能短时间、小幅度地改变奥灰水的动态。长期开采条件下,研究区奥灰水水位动态类型由天然条件下的水文型转变为人工开采型。

(3)天然条件下,研究区奥灰含水层在露头处接受大气降水补给,在被河流切割段接受河流渗漏补给,然后沿地层倾斜方向向深部径流;到达饱水带后,继续向深部运动受阻,转为沿岩层走向运动,直至被河流、沟谷或断层切割而排泄。在高强度开采和疏排奥灰水后,奥灰水补径排条件逐渐改变,在水位大幅下降后,即使在旱季河水也只能补给奥灰水,原来作为排泄基准面的黄河要反向补给奥灰水;在南区和北区形成水位降落漏斗后,奥灰水从漏斗周围向漏斗中心径流,同时深部奥灰水也逆岩层倾向向漏斗中心径流;人工开采和疏排袭夺了天然条件下向河谷的排泄量,成为了最主要的排泄方式。

(4)研究区奥灰水 TDS 值在第Ⅰ阶段(1971—1979 年)全区平均值为 844.53mg/L,北区为 1 089.39mg/L,南区为 648.64mg/L,北区受挤压构造控制奥灰水循环速度慢,南区受拉张构造控制奥灰水循环速度相对较快;第Ⅱ阶段(1980—2010 年)全区 TDS 平均值为 1 487.09mg/L,北区为 1 247.20mg/L,南区为 1 854.92mg/L,南区奥灰水 TDS 大幅增加,主要由南区超采使深部奥灰水大量补给造成;第Ⅲ阶段(2011—2022 年)全区 TDS 平均值为 2 721.86mg/L,北区为 2 918.76mg/L,南区为 2 507.83mg/L,北区奥灰水 TDS 大幅增加,主要由北区涌(突)水和开采使深部奥灰水大量补给造成。

(5)第Ⅰ阶段奥灰水以 HCO_3-Na 型、$HCO_3 \cdot SO_4$-Ca·Na 型和 $SO_4 \cdot HCO_3$-Ca 型为主,个别点出现 $SO_4 \cdot Cl$-Ca·Na 型和 $Cl \cdot SO_4$-Ca·Na 型;第Ⅱ阶段奥灰水以 $SO_4 \cdot HCO_3$-Ca

型、$SO_4 \cdot Cl$-$Ca \cdot Na$ 型和 $SO_4 \cdot Cl$-$Na \cdot Ca$ 型为主,个别点出现 HCO_3-Na 型;第Ⅲ阶段奥灰水化学类型呈现多样化,以 SO_4-Ca 型、$SO_4 \cdot Cl$-Na 型、$Cl \cdot SO_4$-$Na \cdot Ca$ 型为主,同时有 HCO_3-Na 型、$SO_4 \cdot HCO_3 \cdot Cl$-$Na \cdot Ca$ 型和 Cl-Na 型出现。通过分析 TDS 与 $Na^+ + K^+$、Ca^{2+}、Mg^{2+}、HCO_3^-、SO_4^{2-} 和 Cl^- 之间的关系发现,TDS 与 $Na^+ + K^+$、Ca^{2+}、SO_4^{2-} 和 Cl^- 存在较好的相关性,说明 TDS 的增加主要由 $Na^+ + K^+$、Ca^{2+}、SO_4^{2-} 和 Cl^- 造成,$Na^+ + K^+$、Ca^{2+}、SO_4^{2-} 和 Cl^- 的增加是造成研究区水化学类型变化的主要原因。

(6)离子比例系数分析表明研究区存在岩盐、石膏、方解石和白云石的溶解作用,岩盐和石膏的溶解对奥灰水化学组分的贡献大于方解石和白云石的溶解,是奥灰水中 $Na^+ + K^+$、Ca^{2+}、SO_4^{2-} 和 Cl^- 大幅增加的主要原因;同时还存在围岩的 Na^+ 置换奥灰水中的 Ca^{2+} 和 Mg^{2+} 的阳离子交换吸附作用,部分区域存在反向阳离子交换吸附作用。

(7)主成分分析结果表明,SO_4^{2-}、Mg^{2+}、Ca^{2+}、Cl^- 和 Na^+ 在主成分 F1 上的荷载值相对高,分别为 0.933、0.893、0.883、0.782 和 0.739,代表深部高 TDS 奥灰水的大量补给。HCO_3^-、Na^+ 和 Cl^- 在主成分 F2 上的荷载值相对高,分别为 0.706、0.637 和 0.509,代表接受 HCO_3-Na 型河水(矿井水)补给量的增加;Cl^- 离子荷载值较高反映了奥灰水受人类生活污水影响,因此,主成分 F2 反映的是河水(矿井水)的补给和人类生活污水排放的影响。HCO_3^- 在主成分 F3 上的荷载值最高,为 0.669,其他离子的荷载值均未超过 0.5,反映了 HCO_3 型天然河水及大气降水的补给。

(8)混合模拟结果表明,北区和南区在奥灰水水动力场变化过程中混合作用的比例不同。南区深层奥灰水补给比例在第Ⅰ阶段为 6%,在第Ⅱ阶段 63%,在第Ⅲ阶段为 73%;北区深层奥灰水补给比例在第Ⅰ阶段为 38%,在第Ⅱ阶段为 45%,在第Ⅲ阶段为 64%。以上反映出:①天然条件下南区奥灰水水质优于北区;②随着超采程度的增强,深部高 TDS 奥灰水补给浅部奥灰水的比例增加,第Ⅱ阶段韩城电厂超采边浅部奥灰水,南区第Ⅱ阶段深部高 TDS 奥灰水补给比例大幅增加,北区在第Ⅲ阶段"8·7"突水事件后,深部高 TDS 奥灰水补给比例大幅增加。

(9)反向模拟结果表明,奥灰水从补给区到排泄区(滞流区)所发生的主要化学反应为石膏、岩盐和白云岩的溶解(去白云石化作用)、方解石沉淀以及围岩的 Na^+ 置换水中的 Ca^{2+}。其中石膏和岩盐的溶解、阳离子的交换吸附作用是造成奥灰水中 Na^+、SO_4^{2-} 和 Cl^- 含量升高的主要原因,并改变了奥灰水的水化学类型。

(10)天然条件下奥灰水化学成分形成作用以溶滤作用、混合作用(弱微、短期)、阳离子交换吸附作用为主,而脱硫酸作用主要发生在奥灰水滞流区,脱碳酸作用主要发生在深部奥灰水反向补给浅部奥灰水的枯水期。在超采和涌(突)水导致边浅部奥灰水水位大幅下降的条件下,奥灰水化学成分形成作用以混合作用(强烈、长期)、阳离子交换吸附作用为主,淋滤作用较弱,由于深部奥灰水大量补给浅部,脱碳酸作用强烈,而脱硫酸作用主要发生在奥灰水滞流区。

6.2 展望

(1)本书所采用的水质检测数据由于时间跨度比较长,很多数据都是 20 世纪八九十年代

6 结论与展望

检测的,绝大多数水样仅检测了奥灰水的 pH,以及 $Na^+ + K^+$、Ca^{2+}、Mg^{2+}、HCO_3^-、SO_4^{2-} 和 Cl^- 等常规离子,没有对同位素和微量元素进行检测,而同位素在揭示地下水来源及年龄方面有很强的优势,微量元素,例如 Li、V、Cr、Mn、Co、Ni、Cu、As、Rb、Zr、Mo、Sb 和 Pb,能够反映奥灰水化学特征形成过程中与环境所发生的化学作用。因此,为了更准确、深入地掌握韩城矿区奥灰水化学特征的形成过程,还应采用同位素和微量元素方法开展进一步研究。

(2)地下水化学场的演化离不开水动力场的驱动,韩城矿区对奥灰水水文地质条件的勘查主要集中在 20 世纪 90 年代初期,当时由于计划开采下组煤(11#煤)而对奥灰含水层进行了大型抽水试验、钻探和地面调查等工作,且这些工作主要集中在南区,而对北区黄河与奥灰水的补排关系没有专项研究。对矿区东南侧 F_1、F_2 断层的导水性也没有进行专项研究,对南区与北区的水文地质单元的分界也缺少专项研究,这些工作的缺失都会影响对韩城矿区奥灰水流场的深入认识。本次建立的奥灰水数值模型虽然进行了识别和验证,但不排除偶然情况的存在,因此,还应该对模型进行不确定性分析,以确保采用数值模拟所取得结论的可靠性。

(3)本次奥灰水动力场的演化没有考虑上覆基岩裂隙水与奥灰水之间的水力联系,虽然两者之间存在一定厚度的隔水层,但不排除在地质构造叠加开采扰动条件下两者存在水力联系,即奥灰水水位大幅下降可能造成上覆煤系地层基岩裂隙水越流或通过采动裂隙或构造裂隙补给奥灰水,而本次对奥灰水流场的研究未考虑上覆煤系地层基岩裂隙水的越流补给,也未考虑研究区内水库渗漏对奥灰水的影响。下一步工作可以继续深入分析这些因素对奥灰水动力场演化的影响。

主要参考文献

艾慧,郭得恩,2018.地下水超采威胁华北平原[J].生态经济,34(8):10-13.

陈昌彦,王思敬,王贵荣,等,1996.陕西渭北东部区新生代伸展构造网络系统对奥灰水的控制作用[J].地质力学学报(4):23-32.

陈飞,徐翔宇,羊艳,等,2020.中国地下水资源演变趋势及影响因素分析[J].水科学进展,31(6):811-819.

陈陆望,刘鑫,殷晓曦,等,2012.采动影响下井田主要充水含水层水化学环境演化分析[J].煤炭学报,37(增刊2):362-367.

陈文芳,2010.中国典型地区地下水位控制管理研究[D].北京:中国地质大学(北京).

迟道才,王子凰,陈涛涛,等,2015.ARIMA和蒙特卡罗方法在预测降水量中的应用[J].沈阳农业大学学报,46(2):187-191.

董东林,张陇强,张恩雨,等,2023.基于PSO-XGBoost的矿井突水水源快速判识模型[J].煤炭科学技术,51(7):72-82.

杜强,马良英,范锐平,等,2007.以色列地下水资源利用与管理现状[J].南水北调与水利科技(2):101-104.

范立民,孙魁,李成,等,2020.西北大型煤炭基地地下水监测背景、思路及方法[J].煤炭学报,45(1):317-329.

范立民,吴群英,彭捷,等,2021.黄河中游大型煤炭基地地质环境监测思路和方法[J].煤炭学报,46(5):1417-1427.

谷丽雅,2023.国外地下水交易实践与启示[J].中国水利(2):59-61.

顾大钊,李井峰,曹志国,等,2021.我国煤矿矿井水保护利用发展战略与工程科技[J].煤炭学报,46(10):3079-3089.

郭小铭,2022.彬长矿区洛河组沉积控水及开采扰动流场响应特征研究[D].北京:煤炭科学研究总院.

韩永,2012.华北型煤田深部灰岩水水文地球化学演化及数值模拟研究[D].北京:中国地质大学(北京).

郝春明,张进德,何培雍,等,2014.采煤影响下峰峰煤炭矿区岩溶地下水水动力环境的演变[J].地球与环境,42(4):465-471.

侯光才,张茂省,刘方,等,2008.鄂尔多斯盆地地下水勘查研究[M].北京:地质出版社.

黄平华,陈建生,2011.基于多元统计分析的矿井突水水源Fisher识别及混合模型[J].煤炭学报,36(增刊1):131-136.

江剑,周仰效,王立发,等,2014.荷兰人工补给地下水经验及在北京城市供水安全保障中的应用探讨[J].北京水务(6):41-44.

金海,胡文俊,夏志然,2021.国外地下水管理经验及启示[J].中国水利(7):24-28.

蓝楠,2011.国外地下水资源保护法律制度对我国的启示[J].中国国土资源经济,24(8):33-35,43,55.

李锐,史瑞兰,曹原,2021.彬长矿区水文地质条件分析及水资源保护探讨[J].地下水,43(6):67-69.

李双慧,2021.准格尔煤田岩溶地下水水化学特征及演化规律研究[D].北京:煤炭科学研究总院.

李秀红,2007.基于灰色关联度的多目标决策模型与应用[J].山东大学学报(理学版)(12):33-36,41.

梁永平,申豪勇,赵春红,等,2021.对中国北方岩溶水研究方向的思考与实践[J].中国岩溶,40(3):363-380.

梁永平,王维泰,赵春红,等,2013.中国北方岩溶水变化特征及其环境问题[J].中国岩溶,32(1):34-42.

梁永平,王志恒,赵春红,2024.山西晋祠泉域岩溶水系统与生态修复研究[M].北京:科学出版社.

林家彬,2002.日本水资源管理体系考察及借鉴[J].水资源保护(4):55-59.

刘昕,肖华,王栋,2024.长江流域地下水利用现状及超采区治理对策[J].长江科学院院报,41(3):16-21.

刘勇,2013.黄河三角洲地区地面沉降时空演化特征及机理研究[D].青岛:中国科学院海洋研究所.

马雄德,严戈,冀瑞君,等,2020.渭北煤田地下水特征及保水采煤研究进展[J].煤炭科学技术,48(9):109-116.

马志敬,2021.黑龙洞泉域岩溶水循环演变规律研究[D].邯郸:河北工程大学.

牛磊,杨磊,方超,2013.焦作矿区采煤对地下水化学特征的影响研究[J].中国科技信息,(10):42,55.

潘文勇,刘志中,张万斌,等,1992.韩城矿区南部奥陶系灰岩岩溶水文地质研究报告[R].西安:煤炭科学研究总院西安研究院;渭南:韩城矿务局.

乔小娟,李国敏,周金龙,等,2010.采煤对地下水资源与环境的影响分析:以山西太原西山煤矿开采区为例[J].水资源保护,26(1):49-52.

师修昌,张媛,吕广罗,2018.永陇-彬长矿区保水采煤及地下水资源开发利用[J].采矿与安全工程学报,35(6):1241-1247.

孙丰英,2021.淮南煤田岩溶地下水化学特征及形成机制研究[D].合肥:安徽理工大学.

孙逢玥,侯杰,2024.法国博斯地区农业灌溉的地下水可持续利用探析[J].水利技术监督(5):142-144,147.

孙亚军,张莉,徐智敏,等,2022.煤矿区矿井水水质形成与演化的多场作用机制及研究进展[J].煤炭学报,47(1):423-437.

王大纯,张人权,史毅虹,等,1995.水文地质学基础[M].北京:地质出版社.

王广才,卢晓霞,陶澍,等,1997.地球化学模型的应用现状及发展趋势.煤炭学报,22(2):117-121.

王建强,刘池洋,闫建萍,等,2010.鄂尔多斯盆地南部渭北隆起发育时限及其演化[J].兰州大学学报(自然科学版),46(4):22-29.

王生全,2002.论韩城矿区煤层气的构造控制[J].煤田地质与勘探(1):21-25.

武强,董东林,傅耀军,等,2002.煤矿开采诱发的水环境问题研究[J].中国矿业大学学报(1):22-25.

武亚遵,潘春芳,林云,等,2018a.鹤壁矿区奥陶系灰岩地下水水文地球化学特征及反向模拟[J].水资源与水工程学报,29(4):25-32,40.

武亚遵,潘春芳,林云,等,2018b.典型华北型煤矿区主要充水含水层水文地球化学特征及控制因素[J].地质科技情报,37(5):191-199.

夏玉成,孙学阳,代革联,等,2016.韩城矿区地质构造解析与构造控矿研究[R].渭南:陕西陕煤韩城矿业有限公司.

徐丽丽,束龙仓,李伟,等,2023.2000—2020年中国地下水开采时空演变特征[J].水资源保护,39(4):79-85,93.

薛禹群,黄海,吴吉春,等,2000.内陆单斜构造内咸水入侵淡水含水层三维数值模拟:以山西柳林泉区柳林电厂水源地为例[J].地质学报(4):353-362.

薛禹群,吴吉春,2010.地下水动力学[M].3版.北京:地质出版社.

杨配文,魏永富,1996.中国西北内陆区地下咸水入侵及其生态环境问题[J].西北水资源与水工程,7(2):80-84.

殷晓曦,陈陆望,谢文苹,等,2017.采动影响下矿区地下水主要水-岩作用与水化学演化规律[J].水文地质工程地质,44(5):33-39.

尤彧聪,易露霞,2022.看不见的地下水超采和污染[J].生态经济,38(2):5-8.

余建英,何旭宏,2003.数据统计分析与SPSS应用[M].北京:人民邮电出版社.

翟立娟,2012.华北型煤田煤炭开采对岩溶水影响方式探讨[J].中国煤炭地质,24(11):30-35,55.

张光辉,连英立,刘春华,等,2011.华北平原水资源紧缺情势与因源[J].地球科学与环境学报,33(2):172-176.

张华,1991.亚洲沿海城市水危机[J].中学地理教学参考(5):32.

张瑞钢,钱家忠,马雷,等,2009.可拓识别方法在矿井突水水源判别中的应用[J].煤炭学报,34(1):33-38.

张泽源,许峰,王世东,等,2020.保德煤矿奥陶纪灰岩水水化学特征及形成机理[J].煤田地质与勘探,48(5):81-88.

中国地质学会岩溶地质专业委员会,1982.中国北方岩溶和岩溶水[M].北京:地质出版社.

朱海宾,2010.蒙特卡罗模型在矿产资源量预测中的应用[J].地质找矿论丛,25(1):50-54.

ABU-JABER N, ISMAIL M, 2003. Hydrogeochemical modeling of the shallow groundwater in the northen Jordan Valley[J]. Environmental Geology,44(4):391-399.

ADAMS R, YOUNGER P L, et al., 2001. A strategy for modeling ground water rebound in abandoned deep mine systems[J]. Ground Water,39(2):249-261.

ALI A,STREZOV V,DAVIES P,et al.,2017. Environmental impact of coal mining and coal seam gas production on surface water quality in the Sydney Basin, Australia[J]. Environmental monitoring and assessment,189(8):1-16.

BOOTH C J, 1986. Strata-movement concepts and the hydrogeological impact of underground coal mining[J]. Ground Water,24(4):507-515.

BROWNING L, MURPHY W M, MANEPALLY C, et al., 2003. Reactive transport model for the ambient unsaturated hydrogeochemical system at Yucca Mountain,Nevada[J]. Computers & Geosciences,29(3):247-263.

CLOUTIER V, LEFEBVRE R, THERRIEN R, et al., 2008. Multivariate statistical analysis of geochemical data as indicative of the hydrogeochemical evolution of groundwater in a sedimentary rock aquifer system[J]. Journal of Hydrology,353(3):294-313.

CUENCA M C,HOOPER A J,HANSSEN R F,2013. Surface deformation induced by water influx in the abandoned coal mines in Limburg,The Netherlands observed by satellite radar interferometry[J]. Journal of Applied Geophysics,88(1):1-11.

DONOHUE T D A, PARIZEK R R, 1994. Evaluation of the long term impact on domestic and farm groundwater supplies under Pennsylvania longwall mining conditions[J]. Journal of the American Society of Mining and Reclamation,4:180-189.

GARDA-ALONSO C R, ARENAS-ARROYO E, PEREZ-ALCALA G M, 2012. A macro-economic model to forecast remittances based on Monte-Carlo simulation and artificial intelligence[J]. Expert Systems with Applications,39(9):7929-7937.

GIBBS R J, 1971. Mechanisms controlling world water chemistry[J]. Science, 172(3985):1088-1090.

HIBBS B J, BOGHICI R, 1999. On the Rio Grande aquifer:Flow relationships, salinization,and environmental problems from El Paso to fort Quitman,Texas[J]. Environmental and Engineering Geoscience,5(1):51-59.

JAMAL A,DHAR B B,RATAN S,1991. Acid mine drainage control in an opencast coal mine[J]. Mine Water and the Environment,10(1):1-16.

JOHNSON D B,2003. Chemical and Microbiological characteristics of mineral spoils and drainage waters at abandoned coal and metal mines[J]. Water Air & Soil Pollution Focus,3(1):47-66.

KARAMAN A, CARPENTER P J, BOOTH C J, 2001. Type-curve analysis of water-level changes induced by a longwall mine[J]. Environmental Geology, 40(7):897-901.

LI C, GAO X B, XIANG X, et al., 2024. Intense human activities induce the dynamic changes of interaction pattern between karst water-quaternary groundwater in the basin-mountain coupling belt over the past 60 years[J]. Water Resources Research, 60(2):1-19.

LINES G C, 1985. The ground-water system and possible effects of underground coal mining in the Trail Mountain Area, Central Utah[M]. Council Bluffs: U. S. Department of the Interior.

MATTHEW M U, JOHN M S, 2001. Tracing regional flow paths to major springs in Trans-PecosTexas using geochemical data and geochemical models[J]. Chemical Geology, 179(1/4):53-72.

MEREDITH B E, 2016. Coal aquifer contribution to streams in the Powder River Basin, Montana[J]. Journal of Hydrology, 537:130-137.

MIN L, QI Y, SHEN Y, 2022. Letter to editor: Response to "Groundwater Storage Recovery Raises the Risk of Nitrate Pollution"[J]. Environmental Science and Technology, 56(7):3831-3831.

MOLERIO L, PARISE M, 2009. Managing environmental problems in Cuban karstic aquifers[J]. Environmental Geology, 58(2):275-283.

PLUMMER L N, PARKHURST D L, THORSTENSON D C, 1983. Development of reaction models for ground water systems[J]. Geochimica et Cosmochimca Acta, 47:665-685.

SHU LC, WEN ZQ, ZHANG Y, et al., 2022. Chemical characteristics and formation mechanism of phreatic water in coastal area of Northern Jiangsu[J]. Journal of Jilin University(Earth Science Edition), 52(4):1223-1233.

SINGH A K, MAHATO M K, NEOGI B, et al., 2011. Hydrogeochemistry, elemental flux, and quality assessment of mine water in the Pootkee-Balihari Mining Area, Jharia Coalfield, India[J]. Mine Water & the Environment, 30(3):197-207.

STONER J D, 1983. Probable hydrologic effects of subsurface mining[J]. Ground Water Monitoring & Remediation, 3(1):128-137.

SUN L H, GUI H, 2013. Groundwater quality and evolution in a deep limestone aquifer, northern Anhui Province, China: Evidence from hydrochemistry[J]. Fresenius Environmental Bulletin, 22(4):1126-1131.

TIWARY R K, 2001. Environmental impact of coal mining on water regime and its management[J]. Water, Air, and Soil Pollution, 132:185-199.

VAN DER LEE J, DE WINDT L, 2001. Present state and future directions of modeling of geochemistry in hydrogeological systems[J]. Journal of Contaminant Hydrology. 47(2/4):265-282.

XING L T,ZHOU J,SONG G Z,et al.,2018. Mixing ratios of recharging water sources for the four largest spring groups in Jinan[J]. Earth Science Frontier,25(3):260-272.

YOUNGER P L,2004. Environmental impacts of coal mining and associated wastes: A geochemical perspective[J]. Geological Society London Special Publications,236(1): 169-209.

ZIPPER C,BALFOUR W,ROTH R,et al.,1997. Domestic water supply impacts by underground coal mining in Virginia,USA[J]. Environmental Geology,29(1):84-93.